Naturkräfte.

Sechzehnter Band.

Darwinismus

und

Thierproduktion.

Von

C. E. R. Hartmann.

München,
Druck und Verlag von R. Oldenbourg.
1876.

Vorwort.

Die Aufgabe, zwei so umfangreiche Themata in den engen Raum eines Bändchens wie vorliegendes einzwängen, und zwischen beiden noch den Zusammenhang herstellen zu müssen, war keine leichte. Fast hätte ich davor zurückschrecken mögen. Dennoch hielt ich es für nicht unnützlich, die Aufmerksamkeit eines weiteren Leserkreises darauf hinzulenken.

Selbstverständlich konnte und wollte ich hier weder eine erschöpfende Darstellung des Darwinismus noch den Abriß einer Thierproduktionslehre geben. Es durfte sich vielmehr nur um Skizzirung allgemeiner Gesichtspunkte handeln.

Bei der noch unfertigen Sachlage, mitten im Kampf der Parteien, hielt ich es für gut, in leidenschaftsloser Weise, so oft als möglich die eigenen Worte der Forscher zu Rathe ziehend, meine Ansichten darzustellen, ohne Furcht, von einzelnen Fanatikern vielleicht den Vorwurf der Lauheit ernten zu müssen. Jeder gehe in solchen Dingen seinen eigenen Weg.

Der Verfasser.

Inhalt.

Seite

I.

Ueber die Entstehungsweise der thierischen Wesen.

II.

Ch. Darwin, seine Vorgänger und seine Zeitgenossen.

III.
Einiges über die Herkunft unserer Säugethierwelt im Allgemeinen.

IV.

Ueber die Abstammung unserer Hausthiere.

V.

Die Thierproduktion und ihr Verhältniß zum Darwinismus.

I.

Ueber die Entstehungsweise der thierischen Wesen.

Die Frage, auf welche Weise die organischen Wesen entstanden sein möchten, hat die denkenden Menschen bereits seit den frühesten Zeiten beschäftigt. Unter den Alten war die Annahme einer elternlosen, einer Urzeugung oder freiwilligen Zeugung, Generatio aequivoca oder spontanea, allgemein verbreitet. Man sah ja doch faulendes Fleisch binnen kurzer Zeit sich mit lebenden Würmern füllen, man sah plötzlich einmal in Teichgewässern Mückenlarven sich tummeln, man sah auf Kulturpflanzen der verschiedensten Art Räupchen wie hingesäet erscheinen. Man glaubte damals, daß in verdorbenem Fleische, im Schlamme, in welkenden pflanzlichen Resten u. A. mehr unter Einfluß der Wärme, der Luft und des Wassers Thiere ohne vorher stattgehabte geschlechtliche Vermischung der Eltern, ohne Entwicklung aus schon vorhandenen Keimen, ohne Zusammentreten von Saamen und Ei, sich in und aus jenen eben genannten Stoffen durch sich selbst zu bilden vermöchten. Indem man sich solchen Urzeugungsideen schrankenlos hingab, indem man ganz augenfällige, bei einiger Aufmerksamkeit leicht erkennbare und erklärbare Erscheinungen entweder ignorirte oder falsch deutete, half man den Aberglauben verbreiten und die freie wissenschaftliche Forschung unterdrücken. Selbst ein Aristoteles, welcher deutlich seine Kenntnisse von Schmetterlingseiern kundgiebt, konnte sich des Glaubens nicht entschlagen, daß die Raupen aus Kohlblättern herauswüchsen, und daß die Insecten im Frühlinge aus den an Kräutern hangenden Thauperlen entstünden. Die Wollschaben, Wachsmilben, Aale und einige andere Fische läßt der große Philosoph durch Urzeugung entstehen. Aristoteles schlug, wie einer der genauesten Kenner niederer Thierwelt, nämlich Ch. G. Ehrenberg, sehr richtig bemerkt, den Werth eines von ihm selbst entworfenen logischen Schema's so hoch an, daß er die ihm mehrfach kundgewordene Erfahrung weiter nicht würdigen mochte. Diodor von Sicilien, Plutarch, Virgil und Plinius waren bemüht, jene aristotelischen Lehren weiter zu verbreiten und noch weiter auszubilden. „Das große logische System (des Aristoteles) hat 2000 Jahre lang einen wichtigen Irrthum stark geschützt und die Entwicklung der Naturforschung in einem wesentlichen Theile wesentlich und unnöthig gehemmt, während bessere Kenntnisse bereits vorhanden waren und zurückgedrängt werden mußten.“ (Ehrenberg.)

Im Mittelalter, in welchem von kirchlicher Herrschsucht genährter Aberglaube die in den Lehren vom lebendigen Teufel befangene Menschheit vor ketzerhafter, vorurtheilsfreier Naturforschung bewahrte, blieb man gern bei den alten Lehren stehen. Grindel von Ach ließ innerhalb dreier Tage einen Frosch aus einem Thautropfen hervorgehen. Pater Kircher, ein gelehrter Jesuit des XVII. Jahrhunderts versicherte, daß getrocknetes und gepulvertes Schlangenfleisch in der Erde unter Einfluß des Regens sich in Würmer umwandele, aus denen wiederum Schlangen herauswüchsen.

Erst Ende des XVII. Jahrhunderts, als nach allmählicher Ueberwindung der Nachwehen unserer schrecklichen Religionskriege aufgeklärtere Anschauungen Geltung fanden, trat Francesco Redi, Arzt zu Florenz, mit der Ansicht hervor, daß die in Abfällen erscheinenden Würmer nichts anderes als Insectenlarven seien, daß diese Letzteren aber nicht etwa Produkte der Fäulniß selbst bildeten, sondern daß sie aus Eiern hervorgegangen wären, welche durch die Fliegen in das Fleisch gelegt worden seien, dessen faulende Masse nun die Larven als Nahrungsstoff benutzten. Somit ward die Erscheinung des Schmeißes und der Fliegenmaden unserer Kenntniß erschlossen.

Nichts hatte übrigens die Ideen von einer stattfindenden Urzeugung mehr genährt, als die durch so viele Jahrhunderte völlig dunkel gebliebene Entwicklung der Eingeweidewürmer. Wie hätte man sich auch die Entstehung von Band-, Blasen- und Rundwürmern im Körper sonst erklären sollen, zumal man ja doch wahrnahm, daß ein solches Thier, einmal aus dem Leibe des dasselbe beherbergenden Menschen oder Thieres herausgenommen und freigelegt, abstarb und damit auch dem Anscheine nach seine Fortpflanzungsfähigkeit einbüßte? Erst Redi hatte bei verschiedenen Eingeweidewürmern das Vorhandensein von Zeugungsorganen erkannt, dies also

1*

bei Thieren, auf deren Entstehung durch spontane Generation man bis dahin schwören zu müssen geglaubt.

Vallisnieri ferner erkannte die Entstehung der Insecten im Innern von Früchten aus Eiern. Er wies nach, daß letztere zunächst Larven hervorbrächten, die in das Kernhaus oder die Saamenfächer der Früchte eindrangen und sich hier weiter entwickelten.

J. J. Swammerdam, in der ersten Hälfte des vorigen Jahrhunderts lebend, stellte fest, daß alle Bienen eines Stockes aus den vom Könige (oder vielmehr von der Königin) gelegten Eiern hervorgingen, nicht aber aus faulem Ochsenfleisch, wie das durch Virgil erfunden und durch Plinius weiter an den Mann gebracht worden war.

Bekanntlich giebt es Krankheiten, in deren Begleitung sich schmarotzende Thiere, z. B. Läuse, mit größter Schnelligkeit vermehren. Alte verkommene, unsaubere Subjecte werden manchmal von Ungeziefer in Zahlen geplagt, deren massenhaftes und binnen kurzer Zeit stattfindendes Hervorbrechen den Beobachter in Eckel und Erstaunen versetzt. Swammerdam erkannte nun auch die Entstehung solcher widerwärtigen Thiere aus Eiern.

Dem Auftreten von Insecten in Gallen und anderen Auswüchsen, überhaupt in Theilen von Pflanzen, wußte R. A. Réaumur eine naturgemäße Erklärung zu geben. Nunmehr gewann William Harvey's, des berühmten Entdeckers vom Kreislaufe des Blutes, Ausspruch: „Omne vivum ex ovo," d. h. „Alles Lebendige stammt aus dem Ei," allmählich die Bedeutung eines Glaubenssatzes für den denkenden und forschenden Theil der menschlichen Gesellschaft.

In ein neues Stadium trat freilich die Lehre von der Urzeugung in Folge der Entdeckung der Infusorien oder Aufgußthierchen, welche man gewöhnlich dem Ant. Leeuwenhoek zuschreibt. Dieser holländische Arzt hatte jene mit unbewaffnetem Auge kaum mehr erkennbaren Wesen unter Zuhülfenahme des von Zacharias Jansen (Zansz) um 1590 zu Middelburg in Holland erfundenen Mikroskopes[1]), welches von ihm wesentlich verbessert wurde, entdeckt. Von manchen anderen Forschern des vorigen Jahrhunderts wurde die Infusorienkunde gepflegt, erst O. F. Müller aber brachte seit 1769 Methode in das Studium von Wesen, welche eine so gewaltige Rolle im Haushalt der Natur spielen.

Man hatte schon seit lange die Beobachtung gemacht, daß, wenn man organische Substanzen mit Wasser übergießt und den Aufguß beim Zutritt der freien Luft und des Lichtes stehen läßt, sich darin binnen Kurzem eine Menge jener erwähnten, mannigfach gestalteten, bald niedriger, bald höher organisirten Thierchen vorfindet, die, in plötzlicher, massenweiser Entstehung den Beobachter in Erstaunen setzend, den ihnen von Ledermüller und Wrisberg gegebenen Namen „Infusorien" in der That zu verdienen scheinen.

Es gab eine Zeit, in welcher man die Entstehung auch dieser Wesen einer Urzeugung zuschrieb. Geistreiche

---

[1]) Einige schreiben diese wichtige Erfindung dem Galilei, Andere dem Fontana (1618), noch Andere dem Cornelis Drebbel zu. Letzterer scheint aber nur die ältere Idee des Z. Jansen angenommen und weiter ausgeführt zu haben.

Forscher, wie Wrisberg, Treviranus, Gruithuisen und C. A. S. Schultze suchten die Wahrscheinlichkeit einer Generatio aequivoca der Infusorien sogar auf dem Wege des Versuches, des Experimentes, nachzuweisen. Spallanzani dagegen bemühete sich, ebenfalls durch das Experiment, darzuthun, daß sich die Infusorien aus Eiern entwickelten, welche den Aufgüssen zufällig beigemengt würden und in ihnen sich unter Einwirkung des Wassers, der Wärme, des Lichtes und der Luft zu jenen kleinen Organismen ausbildeten.

Ehrenberg gehört zu Denjenigen, welche die Urzeugung auf das Energischeste bekämpften. Er war es, der den Infusorienleib als ein sehr zusammengesetztes Gebilde beschrieb. Im Ganzen ist dies auch bestätigt worden, wenn gleich Ehrenberg's Ansichten eine vielfache Einschränkung und Berichtigung erfuhren. Diese Zusammengesetztheit des Infusorienleibes schien nun an sich schon gegen die Entstehung desselben aus wenig oder gar nicht organisirten Theilchen der Aufgußmasse zu sprechen. Unserem im „kleinsten Raume" so vielbewanderten Forscher und mit ihm auch Anderen schien es klar zu sein, daß die in der Welt zerstreuten Keime die Brutstätten der Infusorien seien, daß in Bezug auf diese Geschöpfe W. Harvey's Ausspruch: Omne vivum ex ovo, in gewisser Hinsicht seine Geltung behalte. In der atmosphärischen Luft, in der Erde, im Staube, in den feuchten Niederschlägen, in den Gewässern der Meere, Seen, Flüsse und Pfützen, unter dem Moose der Bäume und Steine, unter der Baumborke, an Stengeln und Blättern, im Schmutz der Abfälle u. s. w. sollen Infusorienkeime enthalten sein. Diese gebrauchen zu ihrer Entwicklung nur Luft, Licht und Wärme in höherem oder geringerem Grade. Sie pflanzen sich nun erfahrungsgemäß durch Theilung, Knospung, Sprossenbildung und durch Vereinigung oder Conjugation fort, welche letztere Art von Einigen freilich und zwar sehr wahrscheinlich mit Recht, als ein geschlechtlicher Zeugungsvorgang, als ein Begattungsakt, angesehen wird.

Man machte ferner die Erfahrung, daß viele niedere Thiere, u. A. auch Infusorien, beim Mangel an Feuchtigkeit eintrocknen und später unter Hinzutritt der Nässe wieder von Neuem ihre Lebensthätigkeit zu entfalten vermögen. So z. B. sammelte ich im Juni 1869 im Regenstrome Khor-es-Sirefah in Sennaar Erde, in welcher Ehrenberg mehr als zwei Jahre später nach vorheriger Benetzung derselben mit destillirtem Wasser allmählich wieder Leben gewinnende Räderthierchen, Flußälchen oder Anguillulen und Infusorien neben Schwingfäden oder Oscillarien entdeckte.

Die ungemeine Fruchtbarkeit der Infusorien hat viele Beobachter getäuscht und in ihnen Ideen über stattfindende Urzeugung jener Wesen theils neu aufkommen lassen, theils genährt. Hatte doch das häufig in fast unberechenbaren Mengen auftretende Erscheinen von grünlichen oder rothen Infusorien in den abergläubischen Zeiten des Mittelalters die Menschen erschreckt und die Scheiterhaufen für Juden, Hexen und Ketzer mit schuldlosen Opfern bevölkert! Obgleich nun nach Spallanzani und Ehrenberg noch andere Forscher, wie F. F. Schultze, Th. Schwann, J. Haime und der ältere Milne-Edwards zum Theil mit anscheinend vollwichtigen Beweisgründen gegen die Urzeugung auftraten, so gab es dennoch Erscheinungen in der Entwicklung der Thierwelt, welche einen Theil der Gelehrten noch immer zum Festhalten an der Urzeugungslehre drängten. Zu jenen Erscheinungen gehörte vor Allem, wie schon erwähnt worden, die Entstehung der Eingeweidewürmer, seit Jahrhunderten ein Räthsel für jeden selbst naturkundigen Beobachter. Ehrenberg suchte die Bildung dieser so tief in den thierischen Haushalt eingreifenden Geschöpfe durch die Annahme nachzuweisen, ihre Eier würden durch den Kreislauf der Säfte in alle Theile des Körpers getrieben. Joh. Müller, einer der bedeutendsten Anatomen und Physiologen aller Zeiten, sprach seinerzeit die Ansicht aus, daß die urthümliche Umbildung von noch unorganisirtem Thierstoff zu gewissen Thieren sich am meisten bei den Eingeweidewürmern vertheidigen lasse. Eine ganze Reihe von Gründen für die Urzeugung beruhe auf der Unmöglichkeit, die erste Entstehung solcher Thiere ohne freiwillige Zeugung zu erklären.

Die anscheinend so dunklen, geheimnißvollen Vorgänge bei Entstehung der Eingeweidewürmer erhielten jedoch im Ausgange der ersten Hälfte unseres Jahrhunderts ihre völlige befriedigende Erklärung durch eine der schönsten Entdeckungen in dem Gebiete der Naturwissenschaften, nämlich durch die Entdeckung des sogenannten Generationswechsels. Diese Art der Entwicklung ist von A. v. Chamisso zuerst erkannt, vom dänischen Zoologen Steenstrup aber in ihrer ganzen Bedeutnng gewürdigt, und in klarer Weise dargestellt worden. Der Generationswechsel, Generatio alternans, auch Ammenzeugung genannt eröffnet uns, trotzdem ihn Ehrenberg nur als ein von

Steenstrup „erfundenes Schlagwort" zu bezeichnen beliebte, sehr weite und sehr tiefe Blicke in die gesammte Entstehung unserer Thierwelt. Es stellte sich heraus, daß manche wirbellose Thiere befruchtete Eier legen, daß sich aus diesen Junge entwickeln, welche den Elterthieren ganz unähnlich sind und erst noch in andere wieder von jenen verschiedene Wesen sich umändern, bis endlich ein dem Stammthiere wieder ähnliches die Entwicklungsreihe schließt. So z. B. kommen aus den Eiern der Leberegel oder Doppelmünder (Distomum) Junge hervor, welche entweder schlauchförmig gestaltet und schwer beweglich oder welche mit lebhaft hin- und herschwingenden Flimmer- oder Wimperhaaren bekleidet sind. Solche Geschöpfe tummeln sich in Gewässern. In ihnen entstehen durch ungeschlechtliche Zeugung wurmförmige Thiere, die sogenannten Redien, Sporocysten, oder Embryophoren, welche eine Mundöffnung, manchmal mit Stacheln oder Zinken darum her und einen blindsackförmigen Darmkanal besitzen. Früher hielt man sie für ganz besondere, eigenthümliche Thierformen. Zuweilen wandeln sich nun diese wurmförmigen Wesen, welche man auch Ammen der Leberegel genannt hat, direct in letztere um. Oefters noch erzeugen sich jedoch in ihrem Innern, wieder durch geschlechtslose Zeugung, die sogenannten Cercarien, Thierchen, die man eine zeitlang zu den Infusorien zählte. Die Cercarien haben einen eiförmigen oder länglichen, mit zwei Saugorganen, einem Schlund und einem in zwei blinde Enden gegabelten Darm versehenen Körper und einen daran sitzenden einfachen oder in zwei Zinken getheilten Schwanz. Van Beneden und Andere vergleichen diese Wesen ihrem

Aussehen und ihrer Schwimmart nach nicht übel mit unseren Kaulquappen, Kaulpadden oder Froschlarven. Die Cercarien verlassen nun den Körper der Amme oder Sporocyste durch eine Oeffnung in der Leibeswand der letzteren und gelangen ins Wasser. Sie schwimmen hin und her und wandern gelegentlich in fremde Thiere ein, z. B. in Wasserschnecken, wobei manchen von ihnen ein Bohrstachel oder ein ganzer Kreis von solchen Werkzeugen behilflich ist. Sie werfen nun bei dieser Arbeit ihren Schwanz und den Stachel ab. Allmählich umgeben sie sich in dem Wohnthiere mit einer durch Ausschwitzung erzeugten Hülle oder Cyste und erhalten die Anfänge von Geschlechtswerkzeugen. Wird nun die eingekapselte Cercarie sammt dem sie beherbergenden Geschöpfe von irgend einem Frosch, einem Wasservogel u. dgl. gefressen, so widersteht wohl die Cyste eine Zeit lang dem Verdauungsprocesse im Darme des Fressers, das Schmarotzerthier erhält vollkommene Geschlechtstheile, wird zu einem echten Leberegel oder Doppelmunde, entledigt sich seiner Cyste und bringt endlich befruchtete Eier hervor, mit denen der Generationswechsel abermals seinen Gang nimmt.

Die Redien gewisser Formen von Doppelmündern geben übrigens nicht geschwänzte Cercarien, sondern Wesen von sich, die schon eher vollkommenen Doppelmündern ähneln und im Innern eines Wirththieres sich gänzlich ausbilden. Andere Cercarien-Formen bedürfen nicht erst der Einkapselung, Encystirung, um in ihrem Wirththiere zu ausgebildeten Doppelmündern sich umzugestalten.

Der von Steenstrups Nachfolgern weiter erforschte

Generationswechsel zeigt sich in höchst merkwürdiger Weise auch bei den Bandwürmern oder Taenien. Der Bandwurm — es giebt ihrer viele Arten in verschiedenen Thieren — ist ein Thierstock oder Individuenstock, ein zusammengesetztes Thier. Sein Leib ist, wie schon sein Name angiebt, abgeflacht und in Glieder, die Einzelindividuen des Thierstockes, abgeschnürt, deren jedes männliche und weibliche in randständigen oder bauchständigen Oeffnungen nach Außen mündende Geschlechtswerkzeuge besitzt. Das vordere Glied verschmälert sich und endigt mit dem Kopf, einer rundlichen Anschwellung, an welcher zwei bis vier Saugnäpfe und nicht selten auch noch Reihen von scharfen Haken befindlich sind. Mittelst des Kopfes heftet sich der Bandwurm irgendwo im Darme seines Wirthes fest und lösen sich allmählich die einzelnen Glieder los, die dann mit den Auslecrungen des Wirthes ins Freie gelangen. Noch im Leibe des Wirthes begatten sich die einzelnen Glieder untereinander. Sind sie ins Freie gelangt, so lösen sie sich unter verschiedenen äußeren Einflüssen auf und die in ihnen enthaltenen befruchteten, hartschaligen Eier werden ein Spiel der Elemente. Zufällig in den Darm eines Menschen oder Thieres gelangend, entwickeln sich in letzterem die Eier. Es werden daraus Junge, welche, dem ursprünglichen Thierstocke unähnlich, sich mit Haken bewehrt in beliebige innere Organe des neuen Wohnthieres einbohren und hier zu einer sogenannten Amme, einem Blasenwurme umwandeln, die Haken verlieren und mit einer von Flüssigkeit strotzenden Hülle oder Cyste umgeben. In dieser entsteht allmählich eine knopfartige Abschnürung, der Kopf, derselbe erhält Saug=

näpfe und Haken. Gelangt nun ein solcher Blasenwurm z. B. in zur Nahrung dienendes Fleisch, in einen anderen Wirth, so wird derselbe innerhalb des letzteren frei, setzt sich im Darme mittelst der Saugnäpfe und Haken fest und wird zu einem Bandwurme. So gelangen Eier des gewöhnlichen Menschen-Bandwurmes (Taenia solium) zugleich mit Koth, Grünzeug oder dergl. in das Hausschwein, verwandeln sich hier in die Gehirn, Leber, Muskelfleisch u. s. w. einnehmenden Finnen (Cysticercus cellulosae) gelangen mit dem Schweinefleisch in den Menschendarm und verwandeln sich hier wieder in Taenia solium. Die Finne ist also des letzteren Bandwurmes Amme. Wir haben es hier mit einem echten Generationswechsel zu thun.

Bei den Schirmquallen, Scheibenquallen oder Medusen, jenen zum Theil schön gefärbten gallertartigen Bewohnern der Meere, wurde der Generationswechsel zuerst von Sars beobachtet, später aber von C. Th. v. Siebold, Desor, Dalyell und Anderen bestätigt.

Sehr viele dieser Quallen bringen in geschlechtlicher Zeugung aus vom Männchen befruchteten Eiern Junge hervor, die außen mit Flimmern oder Wimpern bekleidet, ähnlich den bewimperten Infusorien im Wasser des Meeres umherschwimmen. Es sind dies die sogenannten Planulä der Zoologen. Eine solche Planula hat einen kleinen Anhang an ihrem einen Ende. Mit diesem heftet sie sich gelegentlich irgend wo fest, verliert ihre Wimpern, erhält ein breiteres freies Ende und bekommt zackig geänderte Einschnürungen, so daß man das also sich umändernde Thier mit einem Tannenzapfen (Strobilus) verglichen und daher Strobila genannt hat. Jede der Einschnürungen, welche wie ein Satz Näpfe in einander geschoben erscheinen, entspricht einer späteren Scheibenqualle, die Randzaken derselben werden zu den Randlappen des Schirmes oder der Scheibe dieser Thiere. Es löst sich eine fertig gebildete Qualle nach der andern von der Strobila ab, schwimmt frei umher und beginnt allmählich, gänzlich sich ausbildend, den Generationswechsel wieder von Neuem. Dies kann man z. B. an der in unserer Ostsee zu gewissen Zeiten sehr häufigen Ohrqualle (Aurelia aurita) beobachten. Bei einer anderen, schönen und großen, mit langen, dicht gedrängten Fühlfäden versehenen Schirmqualle (Cyanea capillata), welche im Sommer bei ruhigem Wetter die geringeren Tiefen, z. B. das Kattegat, in wahrhaft erstaunlichen Mengen bevölkert, entwickelt sich aus der Planula ein polypenartiges Thier[1]), welches seitliche Knospen treibt, die sich ablösen und in dieser Form neue Polypen hervorbringen. Derselbe Polyp bekommt aber auch einmal Einschnürungen, wird zur Strobila und giebt dann in dieser Form Veranlassung zur Bildung von Medusen.

Generationswechsel ist auch bei verschiedenen anderen Familien wirbelloser Thiere entdeckt und beschrieben worden. Täglich mehren sich die Beobachtungen auf diesem Gebiet. Ihm verwandt ist eine andere Art der Fortpflanzung, welche man die Jungfernzeugung oder Parthenogenesis genannt hat.

---

[1]) Dasselbe ähnelt unseren Süßwasser-Armpolypen (Hydra) und wurde daher als besondere Form, als Hydra tuba, beschrieben.

Manche Thiere entwickeln nämlich während gewisser Perioden ihres Lebens Junge aus Eiern, welche der Befruchtung durch männlichen Saamen entbehren. Daher jener griechische Name, er hängt mit „παρ-θενογενής — von der Jungfrau stammend" — zusammen. So findet sich z. B. in unseren Gegenden ein kleiner unscheinbarer Schmetterling (Cochlophora helix), dessen Raupe sich aus feinen Sandkörnchen eine gewundene, einem Schneckengehäuse ähnelnde Wohnung baut. Das Männchen ist sehr selten, das madenartige Weibchen pflanzt sich weit häufiger auch ohne Hinzutritt eines solchen fort, dann wieder Weibchen hervorbringend. Die Männchen sind hier für die Erzeugung von ganzen Generationen überflüssig.

Bei unserer Honigbiene werden nur diejenigen Eier mit männlichem Saamen befruchtet, aus denen Arbeits- und weibliche Bienen hervorgehen. Die Königin wird von einem Männchen im Fluge befruchtet, sie hat die Fähigkeit, den in einen besonderen Vorrathsraum, die Saamentasche, vom Männchen eingebrachten Saamen jahrelang aufzubewahren und damit die Entstehung von Generationen zu veranlassen. Nur eine derartig befruchtete Königin bringt wieder ihresgleichen hervor. Ist eine Bienenkönigin dagegen wegen Verlustes oder wegen mangelhafter Ausbildung ihrer Flügel nicht flugfähig, so bleibt die Begattung aus, dieselbe legt aber trotzdem Eier, aus denen nur Männchen, sogenannte Drohnen hervorgehen. Selbst die regelmäßig befruchtete Bienenkönigin versieht aus ihrer Saamentasche nur diejenigen Eier mit Saamen, aus welchen Königinnen und Arbeitsbienen hervorgehen sollen, wogegen sie die zur Erzeugung von Drohnen bestimmten Eier unbesaamt absetzt. Hat ein Bienenstock durch irgend einen Zufall seine Königin verloren, so wird er von Arbeitsbienen, sogenannten Drohnenmütterchen, mit Eiern belegt, aus denen nur wieder Drohnen hervorgehen. Dasselbe kann stattfinden, wenn eine durch ein Männchen befruchtete Königin ihren Saamenvorrath ausgebeutet hat, oder wenn sie in Folge einer Verletzung unfähig wird, Saamen aus der Tasche zu ihren Eiern gelangen zu lassen. Bienenköniginnen der ägyptischen Rasse, welche sich nicht mit Männchen begattet hatten, legten dennoch Drohneneier. Ganze Stöcke können auf solche Art „drohnenbrütig“ werden, wie man in der Sprache der Bienenzüchter und Immenväter sich ausdrückt.

Bei uns kommt ferner eine Blattwespe (Nematus ventricosus) vor, deren einer Raupe ähnliche Larven auf Johannis- und Stachelbeersträuchern schmarotzen. Es bringen nun auch unbefruchtete Eier dieses Insectes Larven hervor. Dies tritt ganz regelmäßig ein, sobald das Nematus-Weibchen, unmittelbar nachdem es aus der Puppe ausgeschlüpft ist, vom Männchen abgesondert wird. Alsdann legt das Weibchen Eier, aus denen nur männliche Individuen hervorkommen. Ist aber ein Nematus-Weibchen regelmäßig befruchtet worden, so erzeugen sich aus dessen Eiern sowohl männliche wie auch weibliche Individuen.

Unsere Pflanzenläuse, Blattläuse führen im Winter meist in Eiern ein Keimleben, indem nur einzelne Larven und Weibchen die Kälte überdauern. Im Frühjahr kriechen dann die Jungen aus den Eiern, saugen den

Pflanzensaft, häuten sich und bringen den Sommer über aus in ihrem Innern enthaltenen Keimschläuchen ganze Geschlechter von Jungen ohne stattgehabte Befruchtung hervor. Im Herbste dagegen entsteht endlich eine Generation von ungeflügelten Weibchen und von geflügelten Männchen, welche sich regelrecht begatten. Die also befruchteten Eier überwintern alsdann und aus ihnen entsteht, wie bereits mitgetheilt worden, die erste Frühlingsgeneration.

Die Parthenogenesis läßt sich auch sehr gut an einem jetzt vielbesprochenen und übelberüchtigten Insecte verfolgen. Es ist dies die Reblaus (Phylloxera vastatrix), welche die Weinstöcke an ihren Wurzeln angreift, dieselben zur Fäulniß und schließlich die Stöcke selbst zum Verdorren bringt, eine schwere Gefahr für unseres Volkes Wohlfahrt! Dies kleine Geschöpf gehört zu den Halbflüglern im weiteren und zu den Pflanzenläusen im engeren Sinne. Es bringt dasselbe hervor geschnäbelte Weibchen, welche unbegattet fruchtbare Eier legen und dann schnabellose Männchen und Weibchen, die wegen Mangels an einem Darmkanale nichts fressen können und bald nach vollzogener Begattung zu Grunde gehen. Im Frühlinge gelangen die Producte dieser letzterwähnten Zeugungsweise zum Vorschein, aus ihren Eiern entstehen Weibchen, welche sich den Sommer über fortwährend auf ungeschlechtliche Weise vermehren. Einige der also erzeugten Weibchen erhalten je vier zarthäutige Flügel, sie fliegen aus und gelangen, wie u. A. C. Vogt vermuthet, mit günstigen Luftströmungen in die Ferne. Sie legen kleine Eier, aus denen Männchen und große, aus denen Weibchen entstehen. Diese legen nun ein Ei wahrscheinlich in irgend eine Vertiefung an der Wurzel des Weinstockes, woselbst es überwintert, um im Frühjahre abermals von Neuem die Entwicklung zu beginnen. Aber nicht nur die beflügelt umherschwärmenden, sondern auch die ungeflügelten, an Ort und Stelle verbleibenden Sommerweibchen sorgen für die weitere Fortpflanzung.

Die Entwicklung der Pflanzenläuse gleicht demnach dem Generatonswechsel außerordentlich. Man hat diesen sowohl, wie auch die „wahre" Parthenogenesis noch bei vielen anderen Thieren kennen gelernt, und vermuthet C. Th. v. Siebold, daß selbst der in seiner Entwicklung so sehr dunkel gebliebene Aal sich durch Jungfernzeugung fortpflanzen möchte. Möglich daß auch noch andere Fische oder gar sonstige Wirbelthiere ihre Beisteuer zu den sich parthenogenetisch fortpflanzenden Wesen liefern. Kommt Zeit, kommt Rath.

Eine den vorherbeschriebenen Formen der ungeschlechtlichen Fortpflanzung in gewisser Beziehung nahestehende ist auch die sogenannte Larvenzeugung — K. E. v. Bär's Pädogenesis —. Diese ist dadurch charakterisirt, daß die Junge hervorbringenden Thiere sich im nicht geschlechtsreifen Zustande, in demjenigen der Larven oder der Puppen, befinden und dennoch sich fortpflanzen. So verwandelten sich unter den Augen O. Grimm's die Larven einer Zuckmücke (Chironomus) in Puppen, welche erst herumschwammen, dann Reihen von je 20—50 Eiern an die Wände ihres Behälters legten und endlich starben. Aus diesen Eiern kamen Junge hervor, deren Erzeugung während des Sommers in mehreren Geschlechtsfolgen sich wiederholte. Erst im Herbste desselben Jahres entstanden aus den Puppen wieder vollständige Zuckmücken, welche außer dem Wasser umherflogen und, wie mit großer Wahrscheinlichkeit anzunehmen ist, wohl befruchtete Eier ins Wasser gelassen haben dürften.

Eine Zeit lang schien es, als sei die Lehre von der Urzeugung, welche so lange Perioden hindurch ihre Herrschaft behauptet hatte, gänzlich beseitigt. Ich erinnere mich aus meiner in die Mitte der fünfziger Jahre gefallenen Studienzeit unter den zum Teil im edelsten Küchenlatein geschriebenen Thesen so mancher Doctordissertation gelesen zu haben: die Theorie der Generatio spontanea sei eine irrige. Der Ausspruch W. Harvey's: Omne vivum ex ovo (S. 6) wurde allerorts mit Begeisterung wiederholt. Man sprach damals von der geschlechtlichen oder cyklischen, digenen Zeugung, vom Zusammentreffen des männlichen Saamens und des weiblichen Eies bei der Befruchtung oder von Generationswechsel, von Knospenzeugung, Theilung, Konjugation, von monogener Fortpflanzung überhaupt. Nur Wenige wagten es, dem Zeitstrome sich entgegenstemmend, ihre Urzeugungs-Ideen durch Wort und Schrift weiter zu verbreiten. Aber diese riefen einen wahren Sturm von gegentheiligen Behauptungen hervor. Waren es auf jener Seite hauptsächlich der ältere Pouchet und Houzeau, welche die Generatio spontanea durch neue, die Abschließung der Luft und die Erstickung etwa vorhandener Keime bezweckende Versuche zu stützen unternahmen, so trat denen in neuerer Zeit vorzüglich Pasteur mit seinen anscheinend voll größester Sorgfalt ausgeführten Experimenten entgegen. Er fand u. A. in H. Milne-Edwards einen beredten Verfechter seiner Sache. —

Die Naturkundigen haben von jeher das Bedürfniß gefühlt, die von ihnen in Betrachtung gezogenen Erzeugnisse der Schöpfung in einer übersichtlichen, die verwandtschaftlichen Verhältnisse möglichst berücksichtigenden Weise zusammenzustellen, dieselben zu classificiren, in ein System zu bringen. Unter den Alten trafen Aristoteles und Plinius in dieser Hinsicht schon vieles Richtige. Allein erst dem großen schwedischen Naturforscher C. v. Linné gelang es, im Allgemeinen Aristoteles folgend, ein System zu schaffen, dessen Brauchbarkeit für gewisse Arbeiten im Bereiche der Classificirung von Thieren und Pflanzen noch gegenwärtig von nicht wenigen Seiten her gebührende Anerkennung findet. Linné gab den einzelnen von ihm seinen sechs Thierklassen eingereiheten Geschöpfen eine zweifache Benennung.

Die erste derselben bedeutet das Geschlecht, die Gattung oder das Genus, die zweite die Art, Species der Thiere. Der Gattungsname kommt allen denjenigen Arten zu, welche zu einer Gattung gehören. Die Namengebung ist in dieser Anwendungsweise bekanntlich der lateinischen Sprache entlehnt. Im vorliegenden Werkchen ist es hauptsächlich die Feststellung des Artbegriffes im Sinne Linné's, seiner Nachfolger und Verbesserer, um welchen der Kampf der Geister in seinen mannigfaltigen Zuständen und Lagen geschildert werden soll, jener Kampf, welchem die auf dem Titel genannte Theorie eine so gewaltige, erneute Anregung verleihen mußte. Man hat viel über den Werth und Unwerth dieser oder jener Systeme gestritten und man hat eine feste Begrenzung der Abtheilungen derselben als Preis ihrer Vortrefflichkeit gefordert.

Dem Linné waren die einzelnen Abschnitte seiner Classificirung, seine Reiche, seine Ordnungen, Klassen, Gattungen und Arten in sich vollendete, unwandelbare Abtheilungen, innerhalb deren ein jedes einzelne Geschöpf, jedes Individuum seinen bestimmten Entwicklungskreis zu durchlaufen hatte. Eier, Larven, Puppen und vollendete Thiere waren für Linné's Anschauung nur untergeordnete Stufen der Ausbildung eines jeden Individuums, zu welchem dieselben gehörten. Eine Art irgend eines Thieres bildete ein in sich abgeschlossenes Ganze, welches höchstens leichter, äußerlicher, von Alter, Geschlecht, Bodenbeschaffenheit, Klima u. s. w. abhängiger Abänderungen fähig war.

Diese Anschauungsweise des großen Forschers hatte etwas Ueberzeugendes, Bestechliches. Die einfache, vom Standpunkte des logischen Denkens aus gewissermaßen selbstverständlich erscheinende Eintheilungsart der Naturkörper, welche Linné geschaffen, die von ihm vollzogene Hervorhebung in die Augen fallender Merkmale, die scharfe Umgrenzung der beschriebenen Formen, alles Dieses dargestellt in einer den Geist erhebenden und ergötzenden Redeweise, gewannen ihm die Herzen der Gelehrten und Ungelehrten. Welche sicheren Anhaltspunkte gab doch das linné'sche System, welches man freilich in naiver

Weise ein natürliches nannte, für die Einreihung irgend eines neuaufgefundenen organischen Körpers unter ähnliche und verwandte.

Das System Linné's, ein Hort für die Ideen von der Unwandelbarkeit selbst der letzten Formabtheilungen im Thier- und Pflanzenreich, wurde in den nach dem Auftreten seines Schöpfers folgenden Jahrzehnten befestigt, weiter ausgebauet und auch vielfach in kleinerem und größerem Maaßstabe verändert. Es erstanden eifrige Leute, denen die von dem großen Schweden gesteckten Umgrenzungen der ihrerzeit bekannten und beschriebenen Naturkörper zu enge däuchten, solche Männer erweiterten jene, sie schufen, geringfügige äußere Merkmale als maaßgebende anerkennend, neue untere Abtheilungen der Linné'schen und glaubten dadurch unsere Naturerkenntniß höchst wesentlich zu fördern. Manches, was bei Linné Art war, wurde nunmehr zur Untergattung oder gar Gattung gestempelt, Manches, was Gattung hieß, ward zur Charakterisirung einer Familie oder gar einer Ordnung. Unglücklicherweise klammerte man sich bei seinen damaligen naturwissenschaftlichen Untersuchungen mit Vorliebe an Aeußerlichkeiten, die zwar bei der Ordnung der organischen Körper ihre Bedeutung, ihre Berechtigung haben, denen doch aber auch nicht eine allzugroße Wichtigkeit beigemessen werden darf.

In Folge der von Linné und seinen Nachfolgern gegebenen Anregung erwuchs unter strebsamen Leuten eine rühmliche Lust am Sammeln, Bestimmen und Einreihen von Naturerzeugnissen in das System. Der energischen und segensreichen Thätigkeit der besseren Nacheiferer unseres Forschers verdanken wir eine große Reihe der schönsten naturwissenschaftlichen Arbeiten, die in Druck und Bild uns noch heute als Vorlagen für eine schlichte und sorgfältige Naturbeobachtung dienen können. Selbst die erwachende Sucht, jenes System zu erweitern, neue Unterabtheilungen desselben zu schaffen, trug gute Früchte. Es entstanden wiederum andere Systembegründungen, welche mehr und mehr den inneren Bau der Thiere berücksichtigend, auch Dasjenige anstrebten, was wir für die Grundlagen eines (bis jetzt freilch erst noch in der Luft schwebenden) **natürlichen** Systemes ansehen möchten.

Aber mit der von Linné und seinen Nachfolgern angeregten Bewegung keimten zugleich auch manche, in menschlicher Schwäche, in menschlichem Aberwitze wurzelnde Auswüchse hervor. Da gab es z. B. in den ersten Jahrzehnten unseres Jahrhunderts ein Jagen nach Aufstellung neuer Gattungen und Arten, mit welcher Thätigkeit man seinen eigenen und die Namen seiner Freunde, Gönner und Anhänger zu verherrlichen suchte. Fand man z. B. unter dem von einem Indienfahrer mitgebrachten ausländischen Plunder irgend einen alten verschossenen Vogelbalg, einen mit Watte ausgestopften, entfärbten Fisch oder einen glänzenden Käfer, gelang es in irgend einem Raritätenkabinet ein gebuckeltes Schneckengehäuse von auffälliger Form aufzuspüren, so war man sofort bereit, derartige Produkte mit schönen, lateinischen Phrasen zu beschreiben und zu Vertretern neuer Genera und Species zu stempeln. In jenen Zeiten wurden von den verschiedensten Ländern aus Entdeckungsreisen in fremde Erdgegenden unternommen. Die derartige Expeditionen begleitenden Forscher brachten nicht selten eine Fülle der merkwürdigsten Naturerzeugnisse mit zurück. Die wurden dann gesichtet, beschrieben und abgebildet, daß es nur so eine Lust gab. Außer vielem Vortrefflichen, wirklich Neuen kam eine Menge alten, schon bekannten Quarkes zum Vorschein, der dann als neu aufgetischt wurde. Da feierte das Einreihen in's System die höchsten Triumphe. Wackere und tüchtige, für die Erforschung der Wahrheit im Allgemeinen und für die Vermehrung der Naturerkenntniß im Besonderen begeisterte Männer waren in solcher Thätigkeit nicht minder eifrig, als oberflächliche, nur ihrem persönlichen Ehrgeize nachstrebende, sammelbeflissene Dilletanten und Laien. Da war es ein befriedigendes Gefühl für den Edleren, in der Aufstellung einer neuen Art oder Gattung von Thieren oder Pflanzen auch seinerseits Steine zum Weiterbau des Systemes gefunden und eingefügt zu haben. Da stand es dem Dilettanten, dem Liebhaber und Pfleger einer herz- wie augenergötzenden Naturbeschauung so schön, seinen eigenen Vaternamen mit lateinischer Genitivendung als neuen Artnamen einer schon bekannten Gattungs-Bezeichnung angehängt oder gar als Gattungsnamen einer Artbezeichnung vorgesetzt zu sehen. Wie prächtig machten sich häufiger unter den deutschen Vaternamen wiederkehrende Namen, z. B. Müller, Schultze mit und ohne t oder z, Zimmermann, Meyer, in derartigen Verbindungen! Wie sehr imponirte es überall, wenn vertrakte anglikanische, romanische oder slavische Namen, z. B. auf well, yane, ça, za, os, eaux, off, woff, in tz, ky und ki endigend, eine solche Anwendung fanden.

Mancher materiell Denkende hat freilich in jener

Schäferzeit der Systemforscherei jede sich darbietende Gelegenheit zu benutzen verstanden, seinen eigenen lieben, in Latein umgeänderten Namen mit Cursiv-Schrift irgendwo im System anzubringen, danach ganz geschäftsgemäß Reclame zu machen und sogar ein für Geldzwecke taugliches Aushängeschild zu gewinnen. Ich habe z. B. halbgebildete Naturalienhändler und Pferdedressirer gekannt, welchen der Name einer nach ihnen benannten Thierart gerade soviel bedeutete, als das Hoflieferantendiplom einem betriebsamen Zuckerbäcker oder das Zeugniß eines an Hartleibigkeit leidenden Dorfschulzen, dem Fabrikanten von Königstrank oder Malzextrakt. Ferner habe ich im Verlaufe eines vielbewegten Lebens hochgelehrte Herren gesehen, welche dem Schüler und Neuling gegenüber ihren eigenen persönlichen Werth, ihr eigenes Wissen und Können nach der Anzahl der ihnen zu Ehren benannten Pflanzen- oder Thierarten abschätzten. Manche Forscher schufen zur Verherrlichung des Namens hochgestellter Persönlichkeiten neue Arten im System, dies manchmal mit der näher oder ferner liegenden Absicht, damit Orden, Medaillen, ehrenvolle Erwähnungen und amtliche Beförderungen zu ergattern.

Der gütige Leser glaube nicht, daß obige Abschweifung vom Hauptinhalt unseres Werkchens der Aufgabe desselben etwa fern stehe. Es lag mir vielmehr daran, die Kräfte die Beweggründe kennen zu lehren, mit und nach denen viele Arbeiten zur Förderung der Systemkunde unternommen wurden. Wollen wir hier mit geschichtlicher Treue verfahren, so müssen wir auch den Geist zu erforschen trachten, welcher die Entwicklung unserer Kenntnisse auf dem Gebiete der organischen Natur in hervorragender Weise beeinflußt hat.

Die Systemforscherei im alten Style ist, wie manche recht augenfällige Beispiele zeigen, vielen unserer Helden auch heutzutage noch nicht ganz abhanden gekommen. Aber die Sucht nach Artmacherei hat doch zum Glück ihre Grenze gefunden und das ist zum Theil ein nicht geringes Verdienst jenes Meisters, dessen Arbeiten uns in dem vorliegenden Bande hauptsächlich beschäftigen sollen. Wir sind jetzt vorsichtiger geworden, wir verfahren schon mehr sichtend, wenn wir einmal in die Nothwendigkeit gerathen, diesem oder jenem Naturkörper seine Stellung im Systeme, dem Wörterbuche der Naturbeschreibung, anzuweisen. Letzteres hat ja seinen unverkennbaren Werth als eine noch künstliche, aber doch brauchbare Vorrichtung, etwa wie ein Lexikon, in dem man nachschlägt, oder wie ein Aktenschrank, dessen einzelnen Fächern man die einzelnen Reihenfolgen von Schriftstücken anvertraut. Ja ein wohlgeordnetes Naturalienkabinet zeigt gewissermaßen die Verkörperung des Systemes, es zeigt die praktische Ausführung eines solchen, denn es muß nach irgend einem Systeme geordnet sein, soll man sich in demselben zurechtfinden können. Wenn wir aber unter den bis jetzt stattgehabten, zahlreichen Classificirungs-Versuchen zu wählen haben, so sind uns einfachere, welche neben der äußeren Beschaffenheit einer Pflanze oder eines Thieres diejenigen wichtigsten, den inneren Bau jener Naturerzeugnisse kennzeichnenden Merkmale vorführen, welche zur Einreihung des betreffenden Produktes in das System am leichtesten verhelfen, die allergenehmsten. Eine gar zu große

Zersplitterung der Naturerzeugnisse in Gattungen und Arten erscheint uns der erforderlichen wissenschaftlichen Schärfe nicht entsprechend, erscheint uns verwerflich, wir finden ja in einem einfachen, gutgeordneten Systeme noch Platz genug, um selbst Abweichungen von gewissen, festerstehenden Formen unter deren allgemeiner Rubrik noch sicher unterbringen zu können.

Wie viel Kopfzerbrechen, wie viel Kämpfe hat es doch gekostet, in die Art des Werdens näher einzudringen! Im vorigen Jahrhundert huldigte man noch theils gänzlich unklaren, und theils gänzlich naturwidrigen Ideen über die Entwicklung der organischen Körper. Namentlich war es die sogenannte Theorie der Evolution oder Einschachtelung, welche damals die Geister beherrschte, welche selbst Männer von so hoher Bedeutung, wie Bonnet, Leibnitz und Haller anerkannten, wenn gleich jeder derselben in einer eigenartigen Weise. Jener Theorie zufolge sollte nämlich ein jeder Keim die später sich ausbildenden Keime schon vorgebildet, wenn auch nur, wie J. Müller treffend bemerkt, en miniature, nach und nach freilich größer werdend, in sich enthalten. Dies Letztere sollte nun in ganz genauer Reihenfolge stattfinden, indem nämlich jedes Geschlecht immer das nächste und weiterhin entstehende eingeschachtelt umfaßte. Die vorhergebildeten Keime, welche sich in der Evolution ausbildeten, sollten aber theils Eier, theils jene noch in mancher Beziehung räthselhaften, meist beweglichen Elemente der männlichen

Saamenflüssigkeit, die Zoospermien, Spermatozoen oder Saamenkörperchen sein.

Leider bahnt sich menschliche Erkenntniß nur sehr langsam ihre Wege. Nachdem die besprochene Einschachtelungstheorie durch viele Jahrzehnte hindurch geherrscht und selbst den Ideengang der Philosophen gefangen gehalten hatte, wurde sie endlich durch einen schlichten, geistvollen Beobachter, C. F. Wolff, für immer beseitigt. Wolff stellte ihr entgegen seine Annahme einer Epigenesis oder Neubildung der Keime. Letzterer Annahme zufolge ist ein Keim dem Muttergeschöpf keineswegs ähnlich, er entsteht vielmehr kraft einer in ihm schon vorhandenen Bildungsfähigkeit, aus demselben allmählich durch Weiterentwicklung seines eigenen Organismus. Dieser Bau des Keimes ist von dem Bau des Mutterwesens ursprünglich ganz und gar verschieden und wird ersterer dem letzteren erst im vollendeten Zustande wieder ähnlich. Jedes Muttergeschöpf enthält das nächst folgende Geschlecht nur in Gestalt des Keimes und auch die Keime der kommenden Geschlechter ebenfalls wieder nur in Keimform. Die weitere Ausbildung der Keime ist abermaliges Werden in stufenweiser Fortentwicklung der Einzelorganisation.

Wolff's Lehre blieb nach ihrem ersten Auftreten lange Zeit hindurch theils entschieden angefochten, theils verkannt. In unseren Tagen möchte freilich Niemand die Grundlagen derselben mehr läugnen wollen.

Eine bedeutende, beobachtungsgemäß zu befestigende Stütze erhielt die Lehre von der Epigenesis durch Th. Schwann's folgenreiche Entdeckung vom Aufbau des pflanzlichen und thierischen Körpers aus übereinstimmenden

Urtheilchen, den Zellen. Diese Zellen sind Bläschen. Wenn frei, sind sie kugelrund, oval, länglich, spindelig, sternförmig u. s. w. Wenn dicht gedrängt stehend, platten sich die rundlichen eckig gegen einander ab. Jede Zelle ist mit einer Wandung, einer die innere Höhle erfüllenden Inhaltsmasse, welche aus den chemisch verschiedenartigsten, auch dem (bewaffneten) Auge verschiedenartig gestaltet erscheinenden Theilen bestehen kann, einem sogenannten Kern und einem oder mehreren in dem letzteren befindlichen Kernkörperchen versehen. Die Kerne der Zellen sind Bläschen, die Kernkörperchen sind theils solche, theils nur gestaltlose Klümpchen.

Manche Forscher haben verschiedenen Zellgebilden die Wandung oder die Membran abgesprochen, dieselben vielmehr nur für hüllenlose, kernhaltige Ballen von einem Grundstoff — Protoplasma — erklärt, in welch letzterem noch andere Substanzen eingebettet sein können.

Diese Zellen vermehren sich durch Theilung des ganzen Zellkörpers oder nur des Inhaltes der Einzelzelle oder durch Sprossung aus dem letzteren um die durch Theilung der Kerne entstehenden Elementarstücke. Die Vermehrungsfähigkeit dieser Gebilde ist außerordentlich.

Jeder ausgebildete, zusammengesetzte organische Körper entspricht nun einer Masse von Zellen oder doch von aus Zellen entstandenen Theilen, deren jede oder jeder auch die Kraft zur Bildung des Ganzen in sich haben soll. Die Pflanze z. B. erscheint in irgend einer Stufe ihrer Entwicklung aus einer oder mehreren Zellen gebildet. In der erwachsenen Pflanze erkennen wir eine Menge von mehr und minder wichtigen Bestandtheilen, welche die Umwandlungserzeugnisse von Zellen sind. Es giebt, wie der Botaniker W. Hofmeister bemerkt, nur wenige Pflanzen, welche in einer längeren Frist ihres Entwicklungsganges einen anderen Bau, als die Zusammensetzung aus Zellen, zeigen. Man hat daher die Zellen als die Elementarorgane der Pflanzen bezeichnet.

Auch in der thierischen Organisation behauptet die Zelle ihre wichtige Stellung. Wiewohl Pflanzen- und Thierzelle im Allgemeinen einen entsprechenden Bau zeigen, so besitzt doch die den Körpern des einen und des anderen Naturreiches angehörende Zelle ihre Eigenartigkeit. Im Thierleibe bildet dieselbe ebenfalls diejenigen Theile, von denen die ganze Lebensthätigkeit ausgeht. Zellen und Abkömmlingsprodukte von Zellen sind die näheren Bestandtheile jedes thierischen Wesens. Virchow betrachtet daher die Zelle als das letzte Formelement aller lebendigen Erscheinung sowohl im gesunden, wie auch im kranken Zustande, durch welchen alles Leben im Organismus unterhalten, vermittelt wird. Nach seiner Ansicht ist die Zelle der Sitz der Thätigkeit, das Elementargebiet, von welchem die Art der Thätigkeit abhängt. Brücke, hervorragender Vertreter derjenigen Richtung, in der Lehre von den Lebenserscheinungen, welche man die physikalisch-mathematische, auch atomistische genannt hat, erklärt die Zellen für die Elementarorganismen des Körpers, er bezeichnet sie so, wie wir Körper, welche bis jetzt nicht chemisch zerlegt sind, Elemente zu nennen pflegen. So wenig nun die Unzerlegbarkeit der letzteren bewiesen ist, so wenig stellt Brücke die Möglichkeit in Abrede, daß nicht die Zellen selbst wiederum aus anderen noch kleineren Organismen zusammengesetzt sind, welche zu ihnen in einem ähnlichen Verhältnisse stehen, wie die Zellen zum Gesammtorganismus. Brücke aber findet bis jetzt keinen Grund, dies anzunehmen. Andere haben in der Zelle, im Elementarorganismus, das organische Atom(!) erkennen wollen. Brücke möchte das, was nach unserer Darstellung (S. 28) ursprünglich zum Bau einer Zelle gehören soll, für ein werthloses Schema erklären. Denn um des letzteren willen habe man Membranen (S. 28) angenommen, wo keine nachgewiesen worden seien, um seinetwillen werde der Zelleninhalt, solange nicht im einzelnen Falle geradezu das Gegentheil dargethan sei, als eine Flüssigkeit behandelt, um seinetwillen müsse jede Zelle einmal einen Kern gehabt haben, wenn derselbe auch nie gesehen worden sei u. s. w. Indem nun u. A. C. Reichert für das Vorhandensein einer Membran, eines Inhaltes und Kernes als der drei gesonderten Bestandtheile der Zelle in die Schranken tritt, betont L. Auerbach die Wichtigkeit der Kernkörperchen (Nucleoli) als in der Zelle selbst sich weiter entwickelnder, einem freien, selbstständigen Leben zustrebender Zellbrut.

Die Zellen bieten zum Theil mancherlei sehr auffallende Bewegungserscheinungen dar. Viele derselben sind contractil, d. h. sie vermögen sich zusammenzuziehen und auszudehnen, andere verlassen ihren Standort, sie wandern aus diesem Theile aus und in jenen ein. Es hängen diese Bewegungen von verschiedenen äußeren Bedingungen ab. Zu den beweglichen Zellen gehören auch die farbigen und farblosen geformten Elemente des Menschen- und Thierblutes, die sogenannten Blutkörperchen.

Angesichts der Beweglichkeit verschiedener Zellengebilde hat man denn auch die schon früher für möglich erklärte einzellige Beschaffenheit mancher Aufgußthierchen wieder lebhaft verfochten. Schon Meyen hatte diese Geschöpfe für einzellige gehalten. C. Th. v. Siebold schrieb dann den Glockenthierchen, Trachelinen, Kolpoden, Oxytrichinen zwar einen ihr Thun und Treiben regelnden inneren Willen zu, hielt aber ihren Leib für je aus einer einfachen Zelle gebildet. Noch andere Forscher, z. B. Kölliker, M. Schultze und Häckel haben ähnliche Ansichten ausgesprochen und vertheidigt. Ihnen sind die vielgestaltige Leibeswand, deren mannigfaltige Einschlüsse, Fortsätze, als Haken, Stacheln, Borsten, Wimpern, als vorstreckbare Rüssel, sowie das mancherlei Sonderungen zeigende Leibesinnere, die Körner, Farbstofftheile, die zusammenziehbaren Blasen und sonstigen Hohlräume, die sogenannten Kerne u. s. w. nur Theile einer einfachen Zelle. Lag jenen Forschern doch die Vergleichung mit manchen Pflanzenzellen nahe, an denen wir Auswüchse der Wandung und Verschiedenartigkeit des Inhaltes, ja selbst Bewegungserscheinungen wahrnehmen. Häckel rechnet selbst die Amöben, ungemeiner Formveränderlichkeit und leichter Ortsbewegung fähige Thiere (Wurzelfüßer) unserer Gewässer, auch einen von ihm in der canarischen See aufgefundenen Wurzelfüßer (Protomyxa aurantiaca) zu den einzelligen Thieren.

Wieder andere Forscher, z. B. Claus, entschieden sich nur bedingungsweise für jene Annahme. Claparède und Lachmann, Lieberkühn, Stein, Balbiani, Gegenbaur u. A. dagegen suchten einen zusammengesetzteren Bau des nicht einzelligen Infusorienleibes darzustellen. Nun gilt freilich unter der Gesammtbezeichnung Infusoria gar vieles

Niedere und Höhere. Während wir daher manche sogenannte Aufgußthierchen, namentlich geißeltragende, Flagellaten, als höchst einfache, theils dem Pflanzen-, theils dem Thierreiche zuzuweisende Geschöpfe unbedenklich für einzellige erklären dürfen, fühlen wir uns veranlaßt, in den Glockenthierchen, Haarthierchen, Walzenthierchen, Halsthierchen und Borstenthierchen, nicht einfache, einzelnen Zellen, sondern vielmehr zusammengesetzte einer Mehrheit von Zellen entsprechende Wesen anzuerkennen. In dem Bau der letzterwähnten Geschöpfe, sowie in demjenigen der Wurzelfüßer, Schwämme, Gregarinen und sonstiger Urthiere bleibt vor der Hand noch Vieles dunkel. Trotzdem kann das Vorkommen einfacherer einzelliger Formen auch unter diesen niederen Thierklassen nicht ohne Weiteres hinweggeläugnet werden.

Die Form einer einfachen Zelle zeigt sich nun recht deutlich im Menschen- und Thierei ausgeprägt. Das Thierei[1]) im Allgemeinen hat, wenn man dasselbe von außen nach innen betrachtet, folgende Bestandtheile: 1) die Zellmembran, hier die sogenannte Dotterhaut, welche 2) den Zelldotter, d. h. den Eidotter umschließt. Letzterer besteht aus Salzen, Eiweiß und Fett, ist nicht immer, wie in Hühnereiern gelb, sondern manchmal auch roth, bläulich oder grünlich gefärbt oder ganz farblos. 3) Ein meist rundliches Bläschen, das sogenannte Keimbläschen, welches entweder in Mitte des Dotters oder irgend einer Stelle der Dotterhaut genähert liegt, hell, prall und mit einem farblosen, flüssigen

[1]) Man spricht bekanntlich auch vom Pflanzenei, Ovulum.

Inhalte versehen ist. Dasselbe schimmert bald mehr bald minder deutlich durch die Dottermasse hindurch. 4. Den Keimfleck, d. h. einzelne oder zu zwei und auch mehreren nebeneinder gruppirte Körnchen oder kleine Bläschen, die im Innern des Keimbläschens sind. So ist die Eizelle ursprünglich beschaffen. Bei weiterer Entwicklung derselben lagert sich eine beträchtlichere oder geringere Eiweißmenge um den Dotter und es umgibt sich die ganze Zelle außerdem noch mit der Eischale, unter welcher zuweilen noch eine zähe, ihr sich fest anschmiegende Eischalenhaut auftritt. Die Eischale ist farblos, durchsichtig oder weiß, undurchsichtig, zuweilen bunt gefärbt (z. B. an vielen Vogeleiern). Sie ist entweder fest, starr, äußerlich glatt oder daselbst mit bald unregelmäßigen, bald regelmäßigen und zierlichen Unebenheiten versehen, auch von Porenkanälen und einzelnen Löchern durchbohrt. Oder dieselbe ist weich, lederartig, häutig, selbst gallertig, mit und ohne Flächenzeichnung. Bei einigen Thieren treibt die Eischale ganz sonderbare Auswüchse, so z. B. bei Haifischen und Rochen, bei Würmern. Gewisse Kittsubstanzen, welche aus flüssigen Absonderungen der keimbereitenden Organe schnell gerinnen, bilden manchmal festwerdende, selbst klebrige Hüllen und Anhänge für die Eier. Sie dienen dazu, die letzteren, nachdem diese den mütterlichen Körper verlassen haben, irgendwo festzuheften oder bei mancherlei Zufälligkeiten, denen die Eier im Zustande des Umhertreibens auf fester Erde, im flüchtigen Staube, im strömmenden Wasser u. s. w. ausgesetzt werden, einen Schutz zu bilden.

Die Eier werden in den keimbereitenden Organen des Körpers erzeugt. Der Raummangel gestattet hier nicht, die Bildung und Beschaffenheit derselben bei allen Thierklassen zu untersuchen. Daher nur einige Beispiele. Manche Würmer besitzen als Anfangstheil ihres schlauchförmigen, keimbereitenden Werkzeuges den sogenannten Eierkeimstock. In diesem umlagert sich je eine Zelle, das Keimbläschen, mit Dotter, erhält auch hier eine Dotterhaut oder es wird wenigstens ein Theil ihres Dotters außen fester. Manche nennen denjenigen Theil des Eierkeimstockes, in welchem die Umlagerung mit dieser Substanz vor sich geht, auch den Dotterstock. Nun rückt die Eizelle weiter in den Eileiter hinein, erhält hier wohl eine Eiweißhülle und eine oft derbe, dicke, aus mehreren Schichten bestehende Eischale. Endlich passirt sie durch einen abermaligen, starken, der Zusammenziehung und Ausdehnung fähigen Abschnitt ins Freie.

Bei den Vögeln bildet sich die Eizelle im Eierstock, löst sich, größer werdend, hier ab, umgiebt sich im Eileiter mit einer Eiweißschicht, dann in der Kloake mit der Eischale und gelangt in dieser Gestalt nach außen. Im Innersten liegt der von seiner Dotterhaut eingeschlossene Eidotter, an welchem man den zur Bildung des Jungen verwertheten Bildungsdotter (Hahnentritt) und den zur Ernährung dienenden Nahrungsdotter unterscheidet. Um den Dotter her lagert sich schichtweise das Eiweiß, an dessen vorderem und hinterem Pol die Eischnüre, Hagelschnüre oder Chalazen befindlich sind, gewundene, durch Drehung des den Eileiter passirenden Eies entstandene, lichte Anhänge der äußeren festeren Eiweißschicht. Dann folgen die sehr zarte Eiweißhaut, die derbe Eischalenhaut und die aus Fasergewebe und aus kohlensaurem Kalke bestehende Eischale.

Das Ei der Säugethiere und des Menschen entsteht in den Eierstöcken, den in der Bauchhöhle gelegenen keimbereitenden Organen. Jeder Eierstock besitzt ein aus Bindegewebe bestehendes, von gröberen und feineren Blutgefäßen durchzogenes Grundgerüst. In diesem befinden sich Höhlungen, die sogenannten Graaf'schen Bläschen oder Follikel. Früher wurden letztere für die eigentlichen Eier gehalten. Prévost und Dumas glaubten, die in den Graaf'schen Bläschen enthaltene, aus (nach Colin zuckerhaltiger) Eiweißlösung bestehende Flüssigkeit liefere den Baustoff für jene wunderbare höhere Thier- und Menschenwelt. Da entdeckte aber C. E. v. Bär zu Ende des ersten Fünftels unseres Jahrhunderts das wahre Ei dieser Geschöpfe in Form eines winzigen Bläschens, einer Zelle, welche jedesmal in dem die Innenwand eines Graaf'schen Follikels auskleidenden Zellenbelage oder Epithele entsteht. Reift ein solches Eichen, so platzt der allmählich von Flüssigkeit aufschwellende Follikel, das Eichen tritt an die Oberfläche des Eierstockes und gelangt von hier aus in die sogenannte, mit fraisenartigen Endanhängen versehene Bauchöffnung der Eileiter. Dies sind nun jene aus Bindegewebe, Muskelsubstanz und Gefäßen rc. gebildeten Röhren, welche mit der innen hohlen Gebärmutter (Fruchthälter, Uterus) in offener Verbindung stehen. Das zuletzt erwähnte, meist einfache, bei manchen Säugethieren aber mit hörnerartigen Ausbuchtungen versehene Organ enthält in seinen Wandungen eine Muskulatur, die sich zur Zeit der Fruchtentwicklung vermehrt und erst nach stattgehabter Ausstoßung des Neugebornen wieder vermindert.

Nun findet im Zusammenhang der Reifung des Eichens

und des Platzens des Graaf'schen Bläschens in der Gebärmutter des Menschen eine eigenthümliche vorbereitende Thätigkeit statt. Es wird hier nämlich das zur Einbettung des Eichens Nöthige geleistet. Reichert hat, auf verschiedene kurz nach dem Tode vorgenommene Oeffnungen weiblicher Leichen gestützt, die Beobachtung gemacht, daß jedesmal, sobald Eichen aus den Graaf'schen Follikeln austreten, innerhalb des Fruchthälters eine Wucherung der denselben auskleidenden, an Blutgefäßen und an drüsigen Organen reichen Schleimhaut sich ausbildet. Wird nun das in den Fruchthälter gelangende Eichen hier selbst befruchtet, wird dasselbe damit also zur Weiterentwicklung, zur Fruchtbildung befähigt, so findet dasselbe in jener Schleimhautwucherung eine vorläufige Unterkunft. Diese Wucherung gestaltet sich nunmehr zu einer das sich entwickelnde Ei einschließenden Hülle um, welche letztere bis zur Reifung und Ausstoßung der kindlichen Frucht verharrt. Wird dagegen ein Eichen in der Gebärmutterhöhle nicht befruchtet, so verliert sich dasselbe gelegentlich in den aus den Geschlechtstheilen zu solchen Zeiten ausfließenden Schleim- und Blutmengen. Die vorbereitende Wucherung aber bildet sich zurück. Der bei den Weibern gemeiniglich von vier zu vier Wochen eintretende Bluterguß, die sogenannte Regel, Menstruation, Periode u. dergl. hängt nach Reichert's Untersuchungen nicht, wie man früher annahm, mit der periodischen Berstung der von strotzenden Blutgefäßen umsponnenen Graaf'schen Follikel, sondern mit jener oben besprochenen, zur Zeit des Eintrittes reifer Eier in die Gebärmutter sich ausbildenden Wucherung der Schleimhaut dieses Organes zusammen, deren Blutgefäße bei der Rückbildung jener platzen. Tritt nun Befruchtung ein, so hört der Blutfluß bis nach stattgehabter Ausstoßung der Frucht auf.

Menschliche Eier, welche während der zwischen je zwei weiblichen Monatsflüssen inneliegenden Zeit ausnahmsweise in den Fruchthälter gelangen, scheinen hier entweder zu verkommen oder sie scheinen gelegentlich, d. h. wenn befruchtet, zur Bildung von außerhalb der Gebärmutter stattfindenden, unregelmäßigen und gewöhnlich traurig ablaufenden Schwangerschaften Anlaß zu geben. Es fehlt nämlich zu ihrer Einbettung in der Uterushöhle behufs Befruchtung und Entwicklung jene oben beschriebene, die Fruchtbildung einleitende und sichernde Schleimhautwucherung.

Bei den Säugethieren fehlt nun die soeben erwähnte Wucherung, welche das befruchtete Eichen einzukapseln bestimmt ist. Bei diesen Geschöpfen findet vielmehr ein periodisch verstärkter Blutzufluß nach den Gebärtheilen statt, diese schwellen alsdann auf, sondern eine oftmals blutig gefärbte, meist stark, zuweilen sehr eigenthümlich riechende, schleimige Flüssigkeit ab und sind gewöhnlich nur um diese Zeit, welche wir Brunft oder Brunst zu nennen pflegen, für die erfolgreiche Aufnahme der männlichen Begattungswerkzeuge empfänglich. In der Brunstperiode reifen die Eichen und rücken erst in den Eileiter, dann in die Gebärmutter hinab.

Bei den Vögeln ist die Zeit des Eierlegens eine periodisch wiederkehrende. Kleinere Vögel, namentlich Singvögel, bringen während ihrer Legezeit meist täglich, größere Vögel alsdann aber nur einen Tag um den anderen oder jeden dritten Tag, gutgenährte Hühner auch täglich ein Ei hervor. Der Strauß legt angeblich zwei Mal im Jahre je 12—30 Eier Tage lang hintereinander. Unterbrechungen des Legens durch 1—2 Tage scheinen den Erzählungen der sennaarischen Jäger zufolge nicht stattzufinden, vielmehr scheint jeden Morgen ein Ei abzugehen.

Die Reptilien und Amphibien legen ihre Eier zu bestimmten Zeiten. Bei ihnen zeigen sich merkwürdige Fälle von Eierpflege, dies übrigens auch bei Fischen, deren Laichzeit im Allgemeinen ebenfalls eine zeitlich begrenzte ist. Die Legezeit der wirbellosen Thiere ist so ungemein verschieden, daß sich in Kürze eine übersichtliche Angabe darüber unmöglich machen läßt.

Zur Befruchtung der Menschen- und meisten Thiereier gehört männlicher Saamen. Derselbe wird bei Thieren, welche in zwei Geschlechter, d. h. in Männchen und Weibchen, zerfallen, d. h. welche sich digen oder zweigeschlechtlich fortpflanzen, in den Hoden oder saamenbereitenden Drüsen des Männchens abgesondert. Bekanntlich giebt es nun aber im Thierreiche auch viele sogenannte Zwitter, Hermaphroditen, in deren Geschlechtstheilen bei einem und demselben Einzelwesen männliche und weibliche Geschlechtserzeugnisse zugleich nebeneinander gebildet werden, oder bei denen ein Individuum männliche und weibliche Zeugungstheile mit gesonderten Erzeugnissen zugleich besitzt. Auch die Fortpflanzung der Zwitter gehört zu dem Bereich der Digenen.

Der männliche Saamen besteht in einer Flüssigkeit, in welcher Wasser, Eiweißsubstanz, Fett und Salze enthalten sind. In Wasser gelassen, gerinnt der Saamen des Menschen und vieler Thiere, während derjenige anderer hier und in mancherlei sonstigen (nur nicht in scharf saueren oder mit Salzen u. s. w. gesättigten) Flüssigkeiten unverändert bleibt. Ein sehr wichtiger Bestandtheil der Saamenflüssigkeit sind die oben schon erwähnten Saamenkörperchen oder Saamenthierchen, die Zoospermien, Spermatozoen, Spermatozoiden der Gelehrten-Sprache. Dieselben gehen aus den Kernen der sogenannten Saamenzellen, welche sich in den Drüsenschläuchen, den Saamenkanälchen des Hodens befinden, hervor. Schweigger-Seydel, Häckel und Andere betrachten diese Gebilde als einfache, mit einem Kern (dem Kopf) einem Körper (Zellstoff — Protoplasma) und Anhang (Schwanz) versehene Geißelzellen. Ein kopfartiges Endstück und ein peitschenförmiger Anhang finden sich in der That beim Menschen und bei mancherlei Thieren. Bei sehr vielen Familien der letzteren werden die Saamenkörperchen jedoch stabförmig, sternförmig, keilförmig, haarförmig, pinselförmig oder sie nehmen noch andere, manchmal sehr sonderbar erscheinende Formen an. Sie sind beim Menschen und bei vielen Thieren beweglich, indem sie sich in der Saamenflüssigkeit umherschlängeln. Zulassung von alkalischen Flüssigkeiten erregt, die von Essigsäure, Kohlensäure lähmt die Beweglichkeit. Eine Ursache dieser Bewegung kennt man noch nicht sicher. Bei manchen Thieren sind die Zoospermien übrigens unbeweglich.

Wie wir bei unseren Betrachtungen über Parthenogenesis kennen gelernt haben (S. 13), erhält sich der Saamen mancher Thiere unter Beihülfe gewisser Vorrichtungen sehr lange Zeit hindurch wirkungsfähig. Bei den kopffüßigen Weichthieren oder Cephalopoden, bei verschiedenen Krebsen und anderen Wirbellosen ballt sich der Saamen in Hülsen, sogenannten Spermatophoren zusammen, diese gelangen entweder zufällig mit den Eiern der Weibchen in Berührung oder sie werden von den Männchen in die Geschlechtstheile eingeschoben und ergießen hier ihren Inhalt, nachdem sie geplatzt sind. Bei vielen Thieren wird der Saamen auf die außerhalb des Mutterkörpers, auf das Land oder ins Wasser gelegten Eier gelassen. Im bewegten Wasser bleibt dann der Zusammentritt von Saamen und Eiern dem Spiel der Strömung und der Wellen überlassen. Andere Thiere sind mit einfacheren und zusammengesetzteren Begattungswerkzeugen versehen. Bei nicht wenigen Thieren entwickelt sich der Saamen nur in gewissen Zeiträumen. Viele kleinere Vögel, namentlich Singvögel, zeigen z. B. im Winter nur ganz verkümmerte Hodenproducte, im Frühling aber strotzen ihre Hoden von reifem Saamen. Die bei den Säugethieren ununterbrochen fortwirkende Saamenerzeugung erfährt zur Brunstzeit eine beträchtliche Verstärkung. Der Mensch bildet diese Substanz von der Zeit der Geschlechtsreife bis zu einer früher oder später eintretenden Altersperiode ununterbrochen.

Früher glaubte man wohl, die Saamenkörperchen seien wirkliche thierische Wesen und mit einem Instinkte begabt, welcher sie antreibe, die in den weiblichen Organen befindlichen Geschlechtserzeugnisse aufzusuchen. Diese etwas gar zu dichterische Idee findet nun freilich in unserer nüchternen Zeit der Beobachtung keinen weiteren Anklang. Wir wissen vielmehr, daß mancherlei mechanische Vorrichtungen und Vorgänge das Zusammentreten von männlichen und weiblichen Geschlechtserzeugnissen auch im Innern des mütterlichen Körpers vermitteln. Der Zufall spielt natürlich auch hier öfters eine bedeutsame Rolle.

Sehr viele Eier gehen unbefruchtet zu Grunde, weil trotz aller Annäherung der Geschlechter aneinander, trotz vollzogener Begattung, die Zoospermien die Eier nicht zu erreichen vermochten.

Zur Befruchtung eines Eichens dienen die Saamenkörperchen in sehr verschiedenartiger, manchmal sehr geringer, manchmal dagegen sehr beträchtlicher Zahl. Die Eihülle vieler Thiere besitzt je eine Oeffnung, manchmal mit einer Tülle, wie das Zündloch einer Bombe alten Registers versehen, von welcher auch wohl die Eiweißschichte durchbrochen wird. Andere Eier haben viele, Schale und Eiweiß in einer zum Eimittelpunkte senkrecht stehenden Richtung durchsetzende Porenkanäle. Solche Oeffnungen bieten den das Ei berührenden Zoospermien den Zugang. Letztere gelangen bald nur bis zur Eischale, bald in die Eiweißschicht und bald selbst bis zum Dotter. Hier wirken die Saamenkörperchen als Reiz auf den Eiinhalt, erregen diesen zur Entfaltung der ihm innewohnenden, vorher gewissermassen latent, d. h. gebunden gewesenen Entwicklungsfähigkeit. Hierbei gehen die Saamenkörperchen eine materielle Verbindung mit der Eisubstanz ein, sie verflüssigen sich in derselben. Eier, an welchen jene oben erwähnten Oeffnungen der Hüllen nicht wahrgenommen werden, scheinen nur der äußeren Berührung mit den Zoospermien zu bedürfen, um das bis dahin schlummernde Entwicklungsleben zu beginnen.

Die Befruchtung des Eies erfolgt nicht immer gleichzeitig mit der Annäherung der Geschlechter aneinander. So lange Zoospermien Bewegung oder, wenn sie starr sind, ihre äußere Form unverändert zeigen, so lange behalten sie auch die Fähigkeit, eine Befruchtung zu vermitteln. Verschiedenartige Umstände, zufällig eintretende Verhältnisse oder Einrichtungen, deren Grund uns nicht immer klar liegt, können die Befruchtungsfähigkeit der Saamenkörperchen für längere und kürzere Zeit erhalten. Beim Menschen wird angenommen, daß die Zoospermien bis zu einer Woche, ja sogar länger, beweglich und daher zur Befruchtung fähig bleiben könnten. Auch bei Säugethieren können die Saamenkörperchen acht Tage und länger in den Gebärapparaten verweilen, ehe sie Gelegenheit finden, zu den Eiern zu gelangen. Selbst nach erfolgter Befruchtung des Eichens leitet sich die Entwicklung des Jungen nicht immer sofort ein. Es können vielmehr selbst längere Zeiträume zwischen Begattung, auch Befruchtung einerseits und Fruchtentwicklung andererseits liegen. Die Reh-Ricke z. B. wird Ende Juli und im August brunstig, begattet sich zu dieser Zeit mit dem Bocke und findet alsdann auch die Befruchtung der ersteren statt. Das um diese Zeit befruchtete Ei rückt in die Gebärmutter hinab, bleibt hier 4½ Monate lang unverändert und tritt erst um Mitte Dezember ganz plötzlich in das Entwicklungsleben ein. Dieser Vorgang findet also erst vierzig Wochen (!) nach stattgehabter Begattung seinen Abschluß.

Sobald nun das Eichen nach stattgehabter Befruchtung, möge diese früher oder später vorhergegangen sein, in seine Keimentwicklung eingeht, bilden sich auch in seinen Bestandtheilen wesentliche Veränderungen aus. Das Ei im Ganzen verliert alsdann zunächst sein Keimbläschen (S. 32) und entsteht an Stelle desselben im Innern der Dottermasse ein neuer Eizellenkern. Der Dotter selbst aber zerklüftet erst in zwei, dann in vier, in acht, in sechzehn und mehr, viel mehr kugelige Ballen, sogenannte Furchungskugeln, Erzeugnisse der Dotterfurchung oder Dotterzerklüftung. Letztere Ballen erscheinen nun als Zellen mit Kern und Kernkörperchen. Die Zellmembran (S. 32) hat man ihnen vielfach abgesprochen, in jedem Fall besitzt aber die Furchungskugel eine festere Grenze oder Hüllschicht. Zuletzt erscheint der gefurchte, zerklüftete Dotter äußerlich eingekerbt wie eine Himbeere oder Maulbeere.

Der sogenannte Bildungsdotter allein ist es (S. 34), welcher zur Entwicklung der Frucht, des Embryo, dient. Wie dieser sich nun allmählich aufbaut, wie er so mannigfache Stufen seines Wachsthumes zurücklegt, wie endlich die reife Frucht aus dem gelegten Ei oder aus mütterlichen Gebärtheilen auskommt, ausgestoßen wird, das gehört nur zum geringen weiterhin zu behandelnden Theile in den räumlich so begrenzten Rahmen dieses Werkchens. Immer aber erfolgt die Embryobildung nach dem Sinne der Wolff'schen Epigenese (S. 27).

Nun einige Rückblicke auf das in den vorigen Blättern abgehandelte Material. Wir haben daselbst verschiedene ältere und neuere Ansichten über die Entstehungsweise der thierischen Wesen kennen gelernt. Wir haben erfahren, wie die Lehre von der Urzeugung heftige Angriffe erlitt, wie die Einschachtelungstheorie durch die Theorie der Epigenese beseitigt wurde. Die ungeschlechtlichen oder monogenen Fortpflanzungsweisen durch Theilung, Knospung, durch Generationswechsel und Jungfernzeugung, der noch dunkle, schon so vielfach erwähnte Akt der Conjugation (S. 7), wurden erörtert und zum Theil durch Beispiele erläutert.

Alsdann suchten wir uns einen Ueberblick über die geschlechtliche oder digene Zeugung zu verschaffen. Es war da von getrennten Geschlechtern und von Zwittern die Rede. Wir sprachen von der Beschaffenheit der männlichen und weiblichen Geschlechtserzeugnisse, des Saamens und der Eier, vom Zusammentreten derselben bei Annäherung der Geschlechter, möge diese nun in einer wirklichen Begattung bestehen oder nicht. Dabei mußten wir die Conjugation (S. 7) als einen Fortpflanzungsact in Betracht ziehen, welcher der Begattung nahe stehe. Die ersten Folgen der Eibefruchtung durch den Saamen wurden erörtert. Eine beschränktere Betrachtung der Weiterentwicklung des menschlichen und thierischen Keimes aus dem befruchteten Ei wird dagegen erst in späteren Abschnitten dieses Werkchens in einer dem Zweck und Umfang desselben entsprechenden Weise vorzunehmen sein.

II.

Ch. Darwin, seine Vorgänger und seine Zeitgenossen.

Bereits früher, an verschiedenen Orten, hatte ich darauf hingewiesen, wie man bis zu unserem Jahrhundert bemüht gewesen war, die biblischen Ueberlieferungen der mosaischen Schöpfungsgeschichte, als Glaubenssätze in der Geschichte der Entwicklung der unorganischen und organischen Naturkörper gelten zu lassen. In Zeiten, in denen die Priesterschaft der alleinseligmachenden, der streitenden Kirche die Feuerbrände schwang, als sie ketzerische lebendige Leiber und ketzerische Schriften zugleich in Asche verwandelte, wagte es kaum ein Mensch ernstlich dagegen aufzutreten. Griechisch-römischer Kult, Judenthum und Mohammedanismus waren stets zu sehr in engen, in engherzigen Satzungen gefesselt, als daß aus ihnen eine unbefangene, kritische, eigenartige Betrachtung alter Ueberlieferungen hätte erblühen können. Die von uns heidnische genannten, trotzdem zum Theil ganz bestimmten Glaubenssystemen huldigenden civilisirteren Menschenstämme waren nach Buddha's, Confuzius' und Manco Capac's Zeiten, nach Menes und Ramses, nach Zoroaster und Ninos in geistige Versumpfung gerathen. Unsere christliche Reformation aber hatte bis zu unseren Zeiten genug mit sich selbst zu thun, sie hatte erst Boden zu fassen, sich zu ordnen und dann in fürchterlichen Kämpfen gegen Rom ihre Existenz zu erhalten, auch war sie selbst noch zu kindlich befangen, um schon frühe Geister zu erzeugen, welche an jenen altehrwürdigen Satzungen ernstlich zu zweifeln, an ihnen zu rütteln vermocht hätten. Es bedurfte der Jahrhunderte, des reinigenden Pulverdampfes der Religionskriege, der Reisen und Entdeckungen in fremden Ländern, es bedurfte der Wiedererweckung und der Weiterförderung von Kunst und Wissenschaft, des Aufblühens namentlich der Naturwissenschaften, des Handels und der Industrie, um in den alten Anschauungen Bewegung nach dem Neuen hin zu erregen. Es wurde oben bereits erörtert, wie C. v. Linné, welcher übrigens, ein Zögling noch des vorigen Jahrhunderts, den alten mosaischen Bibelglauben an die Schöpfung als unantastbares Heiligthum hegte und pflegte, in seiner systematischen Eintheilung der Pflanzen und Thiere die starre Formbeständigkeit alles dessen, was man Classe, Ordnung, Familie, Gattung, Art u. s. w. nannte, gewissermaßen für die Grundlagen unumstößlicher Lehrsätze ausgab. Wir sahen auch, wie sehr man Linné noch bis in unsere Tage in der Beziehung nachgeeifert hat.

Die Welt bedarf zur Entwicklung des seine langgedehnten und gewundenen Wege wandelnden menschlichen Fortschrittes großer Anstöße, erschütternder, lebenerweckender Begebenheiten. Erstehen solche, so geht es für Zeiten schneller, es wird alsdann etwas gefördert. Allein nicht blos Ereignisse, sondern auch Personen müssen den Zünd- und Gährungsstoff bereiten, in Thätigkeit setzen. Anschauungen der linné'schen Schule und ihrer Nachbeter würden unsere Naturbeschreibung vielleicht noch heut beherrschen, hätte unser stoffliches und geistiges Sein nicht durch Friedrich II. im Verein mit Voltaire, La Mettrie und Anderen, durch die Helden der literarischen Sturm- und Drangperiode, durch die Blutströme der französischen Revolution, durch die Kraftproben aus den amerikanischen, spanischen und deutschen Freiheitskriegen, durch das Wirken der Dampfwägen, Dampfschiffe, Telegraphen, Fernröhre, Mikroskope u. dergl. einen neuen Aufschwung erhalten. Und selbst zur Stunde wären wir noch tief, sehr tief befangen, hätten nicht die Donner von Königgrätz, von Gravelotte und Sedan so manche schwere Wolke zertheilt, hätten nicht Cadorna's Artilleristen Bresche in die schwarzen Mauern Roms gelegt, wären nicht von den Linden und vom Dönhofsplatze in Berlin aus gesunde Vorschriften zur Nachachtung für ungezogene Fanatiker der unfehlbaren, immer noch streitenden Curie ergangen.

Wie hatte man sich nun seit Linné die Entstehung und Weiterentwicklung der organischen Welt gedacht? Manche Naturforscher glaubten hieran nicht denken zu dürfen, nicht denken zu können, weil das ja zu weitab vom Gebiete menschlicher Fassungskraft liege. Andere klammerten sich mit freudiger Frömmigkeit und Naivität an die Ueberlieferungen, wie sie es von Kindesbeinen an gewohnt gewesen, sie verloren sich in tiefsinnigen Ideen über die Weisheit des Schöpfers und über die von ihm getroffene Weltordnung, deren Anfang und Ende nicht abzusehen seien. Priesterhochmuth und vatikanischer Dünkel erklärten dergleichen Nachforschungen ohne Weiteres für gottlos. Eine Reihe übrigens tüchtiger Arbeiter, deren Sinn nach jener Seite hin gefesselt war, z. B. ein Andreas Wagner und Andere, glaubten an die Lehre von der Umwandelbarkeit der Arten wie an ein Evangelium. Wie des Aristoteles' System im Alterthum und im Mittelalter, so hatten Linné's System und das seiner Vertreter in der neueren Zeit ihren Einfluß ausgeübt.

Nun haben freilich bereits in früheren Zeiten einzelne begabtere Forscher es wohl zu erkennen vermocht, wie unter den so unendlich mannigfaltigen organischen Formen sich doch auch viele einander ähnliche vorfanden, an denen gewisse übereinstimmende Merkmale auf verwandtschaftliche Abstammung hindeuteten. Wiederum konnte es dem Blick klar denkender Naturkundiger nicht entgehen, daß manche größere Formengruppen in ihren die Familien, Gattungen und namentlich die Arten zusammensetzenden Einzelwesen außerordentliche Verschiedenheiten zeigten, Verschiedenheiten, welche gewisse Einzelwesen als nicht mehr zu der Art gehörig betrachten ließen, der man sie aus mancherlei Gründen ursprünglich zuzuweisen sich veranlaßt gesehen hatte. Dies Abweichen vom Haupttypus, dies Variiren gab freilich den die Systemzersplitterung, das Gattungs- und Artmachen betreibenden Forschern Veranlassung, ihre oft recht unnützlichen Künste zu üben (S. 23). Allein besonnenere Beobachter wußten dies Variiren, welches in der Thierwelt sich hauptsächlich unter den Hausthieren in einer oft ganz überraschenden Weise darbot, schon richtiger zu würdigen und zum Heile wissenschaftlicher Erkenntniß zu verwerthen. Wie manche schöne Notiz solcher Art findet sich nicht schon in älteren über Thierproduktion handelnden Werken vor.

Es gab übrigens selbst schon früher einzelne erleuchtete Männer, denen die organischen Schöpfungserzeugnisse nicht aus der Hand eines menschenartigen Verstand zeigenden, aus Laune oder mit voller Ueberlegung wirkenden Schöpfers herzurühren schienen. Man lehnte sich vielmehr hier und da gegen eine derartige kleinliche Anschauungsweise energisch auf. Man verwarf die Kinderlehre von der Arche Noäh und von der Unwandelbarkeit der Abkömmlinge ihrer Insassen. Man mochte nicht, wie dies von gewissen Seiten her geschehen war, die Versteinerungen für vom Schöpfer erst angefertigte irdene, später weggeworfene Modelle der eigentlich aus Fasern, Fleisch, Blut und sonstigen Bestandtheilen des organisirten Körpers endgültig gebildeten Pflanzen und Thiere ansehen. Man suchte vielmehr dem wirklichen Ursprunge dieser Naturkörper nachzuforschen und gewann allmählich die Ueberzeugung von der mehr oder minder großen Aehnlichkeit mancher untergegangener Pflanzen- und Thiergeschlechter mit noch lebenden der Jetztzeit.

Freilich gab es eine Anschauungsweise in der Erdbildungslehre, derzufolge unser Planet von verschiedenen gewaltigen Erschütterungen nacheinander heimgesucht worden wäre. Derartige Ereignisse sollten ganze Schöpfungen von Grund aus vernichtet und sollten wieder neue, unter Vermittlung des unablässig sorgenden und schaffenden Weltgeistes, an ihre Stelle getreten sein. Die jedesmaligen Erdrevolutionen sollten daher allen Zusammenhang zwischen früher vorhandenen und später auftretenden Lebeformen unmöglich gemacht haben. Erst nähere Kenntnißnahme von der Erdfläche und vom Erdinneren sowie die aus dieser allmählich sich ausbildende Ueberzeugung, daß trotz vieler über große Ländermassen sich erstreckt habender und zum Theil noch sich erstreckender Erderschütterungen, Erdbeben, vulkanischer Ausbrüche, der Ueberschwemmungen, des sich Emporhebens und Zusammenstürzens von Gebirgen, des sich Hebens und Senkens der Länder, die Erde ruhig fortbestehe, brach anderen Anschauungen Bahn. Man gewann die Erfahrung, daß immerdar wie heut dieselben Kräfte die Oberfläche und das Innere der Erde bearbeiteten und umgestalteten, Kräfte, deren gesetzliches Wirken sich aus so Vielem erschließen läßt. Damit wurde die Annahme von den stets vernichtenden Revolutionen, von der steten Neuschöpfung der organischen Formen überwunden. Bei einer stetigen, langsamen Fortentwicklung der irdischen Gestaltung konnte aber an ein plötzliches Untergehen älterer und an ein plötzliches Auftauchen neuer Schöpfungsreihen organischer Körper nicht mehr gedacht werden. Mit diesen geologischen Ideen zugleich bildeten sich dann jene über eine allmähliche Umwandlung der Arten aus, welche jetzt eine so lebhafte Bewegung im Bereiche der Naturwissenschaften hervorgerufen haben.

Bereits im Jahre 1809 veröffentlichte der ausgezeichnete französische Zoologe Jean Baptiste Pierre Antoine de Monet, Chevalier de Lamarck sein „Philiosophie zoologique“ betiteltes Werk, welches die Beachtung der Zeitgenossen nur wenig erregte und erst neuerlich, als Ch. Darwin's Ideen in die Werkstätten der Gelehrten und Ungelehrten eindrangen, wieder an's Licht gezogen, ferner aber durch einen auch bei uns in weiteren Kreisen bekannten Landsmann Lamarck's, den Naturforscher Ch. Martins zu Montpellier, einer neuen Ueberarbeitung unterzogen wurde. Lamarck nun hatte unter einer großen ihm bekannten Zahl von Pflanzen und Thieren deren große Verschiedenheit und doch auch wieder vieles unter ihnen Uebereinstimmende beobachtet. Er hatte bemerkt, wie sehr die einzelnen Thierformen variirten (S. 48), d. h. individuelle und gruppenweise ausgebildete Verschiedenheiten in der Färbung, der Gestaltung einzelner Körpertheile oder selbst des ganzen Körpers, in der Lebensweise, überhaupt in ihrem ganzen Verhalten zur Außenwelt zeigten. Diese Variabilität, diese Veränderlichkeit der Arten hielt Lamarck großen Theils für eine Wirkung äußerlich auf die betreffenden Wesen einwirkender Verhältnisse. Dabei glaubte er zwar an die Einheit der thierischen Schöpfung, hielt aber die allmählich aufeinander folgende Entstehung der verschiedenen Thierklassen auseinander, etwa wie die Zweige, Blätter, Blüthen und Früchte eines Baumes die aufeinanderfolgenden Entwicklungszustände eines einzigen Organes, des Saamenkornes oder des Schößlinges sind. Unser Verfasser geht in seinen Untersuchungen von dem leitenden Gesichtspunkte aus, daß die Natur in Wirklichkeit keine Klassen, Ordnungen, Familien oder feststehende Arten erzeugt habe, sondern allein die Einzelwesen, die Individuen, welche aufeinander folgen, ihren Erzeugern aber ähnlich sehen. Diese Einzelwesen freilich gehören Rassen an, die in unendlich verschiedener Weise ihre Ausbildung erlangen, welche unter allen Gestaltungen, unter allen Bildungsstufen sich verändern, die sich alle in ihrer

Eigenart aber erhalten, solange keine verändernde Ursache auf sie einwirkt. Lamarck erklärt die Lehre von der starren Unveränderlichkeit der Art, wie man sie zur Zeit ungenügender Naturerkenntniß aufzustellen sich bemüht habe, für eine irrige. Die Arten blieben nur solange unveränderlich, als die Umstände dauerten, unter denen die Einzelwesen existirten. Alle organischen Körper auf Erden seien wirkliche Naturerzeugnisse, seien von der Natur nach einander in größeren Zeiträumen geschaffen worden. Die Natur habe anfänglich sehr einfach organisirte Körper erzeugt, sie beginne aber tagtäglich von Neuem damit, jene urthümlichen Wesen, jene ersten Versuche einer werdenden Organisation hervorzubringen, welche man mit der Bezeichnung freiwilliger Zeugungen belegt habe. Die ersten Anfänge des Thieres und der Pflanze seien an passenden Oertlichkeiten und unter passenden Umständen erzeugt worden, die einem beginnenden Leben, einer organischen Bewegung innewohnende Fähigkeit habe nothwendigerweise nach und nach die Organe gebildet, mit der Zeit sie aber vielgestaltiger werden lassen. Die Wachsthumsfähigkeit in einem jedem Theile eines organischen Körpers, wie sie den ersten Lebensäußerungen innewohne, habe zu den verschiedenen Arten der Vermehrung und der Wiedererzeugung der Individuen Anlaß gegeben. Das habe dann zur Erhaltung der erlangten Fortschritte in Zusammensetzung des Baues, in der Bildung und Verschiedenartigkeit der Theile geführt. In einer für solche Verhältnisse nothwendigen Zeitdauer, unter nothwendigerweise günstigen Umständen und unter den Veränderungen, welche die Erdoberfläche nach und nach erlitten habe, im

Ganzen unter Einwirkung der Kraft, welche die lebendigen Körperorgane umzuändern vermöge, seien alle die gegenwärtig existirenden unmerklich in der Weise umgeändert worden, in welcher wir sie jetzt sähen. Die lebenden Wesen hätten demnach im Zustande der Bildung ihres Gesammtorganismus und ihrer einzelnen Theile mehr oder minder starke Veränderungen erlitten. Das, was man Arten, Species, nenne, sei dergestalt ganz unmerklich und nacheinander ausgebildet worden, habe nur eine bedingte Stetigkeit und könne unmöglich so alt sein, wie die Schöpfung selbst.

Die weiterfortschreitende Entwicklung einer Organisation erleide innerhalb der gesammten Thierreiche da und dort Abweichungen, welche sich unter dem Einflusse des Aufenthaltes und angenommener Gewohnheiten ausbilden. Jedes Thier, welches noch nicht die Grenze seiner Entwicklungsfähigkeit überschritten, vermöge bei häufigem und eingeübtem Gebrauche eines Körpertheiles diesen allmählich zu kräftigen, zu entwickeln, zu vergrößern, ihm eine der Dauer der Einwirkung entsprechende Stärke zu verschaffen, wogegen anhaltender Nichtgebrauch eines solchen Organes dasselbe unmerklich schwäche, verschlechtere, dessen Fähigkeiten allmählich herabsetze, dasselbe zum Schwinden bringe. Hätten Einzelwesen unter dem langewirkenden Einflusse verschiedener Umstände durch Gebrauch oder Nichtgebrauch von Körpertheilen etwas gewonnen oder eingebüßt, so übertrage die Natur dergleichen auch auf die Nachkommenschaft. Die lebenden Wesen sind nach Lamarck's Anschauung nur Individuen, welche in Geschlechtsfolgen nacheinander den Schauplatz der Begebenheiten betreten. Die Arten, die

Species haben nur eine relative Beständigkeit. Ihre Unveränderlichkeit ist eine zeitlich begrenzte.

Neuerlich hat man sich mehrfach bemüht, die Bedeutung auch eines Göthe für unsere Lehre darzulegen. Es wäre wohl überflüssig, die Verdienste des großen Dichters um die Förderung der Naturerkenntniß hier und noch jetzt besonders hervorheben zu wollen. Das ist ja in den Schriften der Virchow, Häckel, Gegenbaur, Osk. Schmidt u. A. hinlänglich geschehen. Häckel betrachtet nun Göthe sogar als den Begründer der Abstammungslehre noch vor Lamarck, vor dem neunzehnten Jahrhundert, indem er u. v. A. auf des Dichters in der That höchst denkwürdigen, bereits 1796 geschehenen Ausspruch hinweist: „Dieß also hätten wir gewonnen, ungescheut behaupten zu dürfen, daß alle vollkommneren organischen Naturen, worunter wir Fische, Amphibien, Vögel, Säugethiere und an der Spitze der letzten den Menschen sehen, alle nach einem Urbilde geformt seien, das nur in sehr beständigen Theilen mehr oder weniger hin- und herweicht, und sich noch täglich durch Fortpflanzung aus- und umbildet.“ Manche, u. A. Oskar Schmidt, sind übrigens nicht geneigt, in Goethe gewissermassen „den selbstständigen Begründer der Abstammungslehre in Deutschland anzuerkennen“.

Auch der Anatom, Physiologe und Zoologe K. E. von Bär gehört zu denjenigen, welchen man bald die thatsächliche Begründung, bald nur die ahnungsweise erfolgte Skizzirung der Abstammungslehre und der Veränderlichkeit der Arten in Deutschland zugeschrieben hat. Bär erklärte allerdings schon im Jahre 1834, daß nur eine kindische

Naturbetrachtung die organischen Arten als *bleibende* und *unveränderliche Typen* ansehen könne, und daß im Gegentheil dieselben nur *vorübergehende Zeugungsreihen* sein könnten, die *durch Umbildung aus gemeinsamen Stammformen sich entwickelt hätten.* Bär suchte zu beweisen, daß die individuelle Entwicklung aller Wirbelthiere von Beginn an in ihren allgemeinen Beziehungen so völlig übereinstimme, daß man die Keimanlagen oder Embryonen der Wirbelthiere, der Amphibien, Vögel und Säugethiere in den frühesten Perioden ihrer Entwicklung *nicht voneinander zu unterscheiden* vermöge. Erst später, bei fortschreitender Ausbildung des Embryo zum vollendeten Thiere bilden sich zugleich auch alle die Formverschiedenheiten aus, welche den ausgewachsenen Amphibien, Vögeln und Säugethieren eigenthümlich seien. Insecten, Spinnen und Krebse, alles Articulaten oder Gliederthiere, waren im ursprünglichen Keime einander ähnlich, unterschieden sich aber alsdann von den Wirbelthierembryonen.

Außer Lamarck, Goethe und Bär werden nun auch noch andere Forscher, z. B. Etienne und Isidore Geoffroy St. Hilaire, Patrick, Spencer, Naudin u. s. w. genannt, welche ihre Ideen über die Entstehung der Organismen und über die Abänderung der Arten in Abhängigkeit von äußeren Bedingungen mitgetheilt haben. Erst Darwin hat jedoch diesen Gegenstand in durchdachter, consequent verfolgter Methode behandelt.

Charles Robert Darwin, Sohn eines Arztes, 1809 in Shrewsbury geboren, schloß sich nach Beendigung seiner Studien als Naturforscher der Erdumschiffung des „Beagle" unter Befehl des Captain Fitzroy an. Auf dieser fast fünfjährigen Reise machte der damals erst junge Mann eine Reihe der merkwürdigsten Beobachtungen über die verschiedenartigsten Erscheinungen in der physischen Beschaffenheit des Pflanzen-, Thier- und Menschenlebens in den durchforschten Gebieten und veröffentlichte dieselben in einer trotz aller wissenschaftlichen Gediegenheit höchst angenehmen, wohl lesbaren Form. Er selbst bemerkt wörtlich: „Als ich am Bord des Königlichen Schiffes als Naturforscher Südamerika erreichte, ward ich überrascht von der Wahrnehmung gewisser Thatsachen in der Vertheilung der Bewohner und in den geologischen Beziehungen zwischen der jetzigen und der früheren Bevölkerung dieses Welttheiles. Diese Thatsachen schienen mir einiges Licht über die Entstehung der Arten zu verbreiten, dies Geheimniß der Geheimnisse, wie es einer unserer größten Philosophen genannt hat. Nach meiner Heimkehr im Jahre 1837 schien es mir, daß sich etwas über diese Frage müsse ermitteln lassen durch ein geduldiges Sammeln und Erwägen aller Arten von Thatsachen, welche möglicher Weise etwas zu deren Aufklärung beitragen könnte. Nachdem ich dies fünf Jahre lang gethan, getraute ich mich erst eingehender über die Sache nachzusinnen und einige kurze Bemerkungen darüber niederzuschreiben, welche ich im Jahre 1844 weiter ausführte, indem ich die Schlußfolgerungen hinzufügte, welche sich mir als wahrscheinlich ergaben, und von dieser Zeit an war ich mit beharrlicher Verfolgung des Gegenstandes beschäftigt u. s. w."

So entstand in der Stille ländlichen Lebens auf Darwin's Gute Down, Beckenham, Grafschaft Kent, jene Reihe von Arbeiten über den Ursprung der Arten, welche, obwohl nicht durchgehends neue Gesichtspunkte eröffnend, doch eine gewaltige Bewegung auf dem Gebiete der organischen Naturwissenschaften hervorriefen. Diese ist eine in der That so gewaltige, daß noch Kinder und Kindeskinder über ihre Wirkungen berichten werden. Im Jahre 1859 erschien die erste, 1872 bereits die sechste Auflage von Darwin's Werk: The Origin of Species by means of natural selection, or the preservation of Favoured races in the struggle for life. Dasselbe ward in mehrere europäische Sprachen übersetzt.

Darwin hat ursprünglich seine Theorie in folgenden durch seinen deutschen Verehrer und Bearbeiter Bronn in vortrefflicher Weise zusammengefaßten Sätzen klargelegt: Ein Schöpfer, dessen Existenz der als Engländer hochkirchlich gewöhnte Verfasser doch nicht hinwegläugnen wollte, hat eine kleine Zahl von Thieren und Pflanzen geschaffen, vielleicht sich mit einer einzigen begnügt und dieser einzigen Form oder diesen wenigen ursprünglichen Formen Leben eingehaucht. Dieses gewissermaßen eingeblasene Leben befähigte die Wesen zum Wachsthume und zur wichtigsten Aeußerung weiterer Unterhaltung des Lebens, zur Fortpflanzung. Auch verlieh das Leben den Einzelwesen die Fähigkeit, in beschränktem Grade bei jeder stattfindenden Fortpflanzung abzuändern. Besonders sind es Einflüsse auf die Zeugungsorgane, weniger sind es die unmittelbaren Einflüsse der äußeren Lebensbedingungen, welche derartige Abänderungen zuwegebringen. Diese Abänderungen von der Art und Weise des erzeugenden Individuums können schädlich oder nützlich sein, können aber auch nichts bedeuten. Diejenigen Wesen, deren Organisation schädliche Abweichungen erlitt, hatten nur geringe Aussicht auf Weiterleben und auf Fortpflanzung. Dagegen zeigten die mit nützlichen, für die ganze Lebensweise des Individuums zweckgünstigen Abänderungen versehenen Wesen sich am besten geeignet, weiterzuleben und sich fortzupflanzen. Die überlebenden Individuen vererbten nun die an ihnen zur Ausbildung gelangte nützliche Abänderung auf die Nachkommen. Wenn letztere nun nach Ablauf von etlichen Geschlechtsfolgen einmal wieder ähnliche Abänderungen darboten, so gewannen sie dadurch wieder mehr Aussicht, die nicht in solcher für sie nützlichen Weise abändernden Individuen abermals zu überleben. Es sind also die mit nützlichen Abweichungen versehenen Individuen, welche auf Kosten der anderen vorwiegend zur Weiterexistenz befähigt werden. Nach Verlauf von vielen, sehr vielen Generationen kann die Summe der Abänderungen bei einzelnen Nachkommen der ältesten Form eine so sehr gehäufte geworden sein, daß sich ganz neue Formen gebildet haben, welche Abarten, selbst eigene Arten, eigene Gattungen, Familien, Ordnungen, ja selbst Klassen (vergl. Seite 19) darstellen. Die langsame Abänderung der organischen Wesen findet in ihrer Stärke keine Grenze. Eine einzelne Urform vermag unter verschiedenen äußeren Bedingungen gänzlich verschiedenartige Abänderungen hervorzubringen, so daß mit der Zeit sich von ihr aus gänzlich verschiedene Familien, Ordnungen und Klassen erzeugen können. Die Frage nun, ob eine Abänderung auch wirklich nützlich sei, löst sich nur bei Abwägung derjenigen äußeren Lebensverhältnisse, unter welchen die Abänderung die

Probe ihrer Nützlichkeit zu bestehen hat. Aendern sich jene Lebensbedingungen, so werden auch die Abänderungen andere, denn es besteht diese Art der Weiterentwicklung, die man eine natürliche Züchtung[1]) nennen könnte; in einer fortwährenden Anpassung und Angewöhnung an die äußeren Verhältnisse. Diese letzteren sind Boden, Wohnung, Klima, Licht, Temperatur, Nahrung und die gegenseitigen Beziehungen der Einzelwesen zu einander. Nicht alle gezeugten Wesen können nebeneinander existiren, sie müssen sich zum Theil einander verdrängen, einander vernichten. Sieger bleiben in diesem „Kampfe ums Dasein"[2]) die mit vollkommeneren Mitteln zur Aufrechterhaltung und Weiterfortführung ihrer Existenz versehenen Individuen, welche sich fortpflanzen, vermehren. Ihnen gegenüber nehmen andere mit weniger vollkommenen Mitteln der Erhaltung und Vermehrung ausgestattete Einzelwesen an Zahl ab, bis zu ihrem Erlöschen vom Erdboden.

Die Bedingungen, unter welchen organische Wesen existiren können, nehmen eine um so größere Vielseitigkeit an, je mehr solcher Wesen überhaupt entstehen. Während nun eine Anzahl Organismen zu Grunde gehen, verändern, vervollkommnen und vermehren sich andere und zwar in durchaus gesetzmäßiger Weise. Die Körper besitzen Theile, sogenannte „rudimentäre Organe", welche den Stempel der Nutzlosigkeit tragend, nicht in rechten Gebrauch kommen. Manche Organe vervollkommnen sich in Folge der Art ihres Gebrauches, andere dagegen gehen in ihrer Aus-

---

[1]) Darwin's „Natural selection".

[2]) Darwin's „Struggle for life".

bildung zurück, verkümmern und zwar in Folge von Nichtgebrauch, sobald sie unnöthig oder schädlich werden.

Entstehen erbliche Abänderungen nur in gewissen Lebensaltern, so vererben sie sich auch nur auf die gleichen Lebensalter der Nachkommenschaft. Diese letztere zeigt sich im Zustande des Fruchtlebens in den organischen Wesen überall übereinstimmend oder doch sehr ähnlich gebildet, entsprechend der Urverwandtschaft jener Wesen unter einander. Aber das sich entwickelnde Wesen macht vom Keimleben an allmählich vielgestaltige Formen durch, welche von der Keim- oder embryonischen Form wesentlich abweichen. Andere Organismen verharren Zeit ihres Lebens in einer ähnlichen Form wie zur Keimperiode, sie bleiben embryonisch.

Darwin vergleicht das Werden der immer mannigfaltiger und zum Theil auch vervollkomneter sich gestaltenden Wesen, welche sich theils unter Ausbildung von Abänderungen fortpflanzen, theils zu Grunde gehen, mit dem Wachsthum eines Baumes. Der Stamm sind die ursprünglich geschaffenen Thier- und Pflanzenformen, die Aeste und Verzweigungen sind die Ordnungen, Gattungen und Arten. Ein natürliches System kann daher nur in Art eines Stammbaumes aufgestellt werden. Dieser Baum wurzelt tief in den Gebirgsbildungen, leider scheinen die ältesten Anfänge seines Wachsthumes kaum mehr erreichbar, da sie einerseits durch verändernde (metamorphosirende) Vorgänge bis zur Unkenntlichkeit umgebildet, oder weil sie zum Theil von den Weltmeeren überdeckt sind. Bereits in der Silurformation hatte der Baum viele Aeste getrieben, es läßt sich übrigens muthmaßen, daß vielleicht seit der silurischen Zeit[1]) die Oceane im Ganzen sich senkten, wogegen unsere Festlande sich im Ganzen im Zustande der Hebung befinden.

Ueberblickt man nun, mit Darwin, die geographische Verbreitungsweise der Organismen auf der Erde, so zeigt sich, daß in Folge großer Veränderungen der Klimate und der Bodenbeschaffenheit, welche unsere Erdoberfläche betroffen haben, die Erdbewohner in verschiedene Gegenden auseinander getrieben wurden, so daß sie auch auf andere Festländer und selbst Inselgebiete als die ihnen ursprünglich zu Wohnplätzen dienenden, gelangen konnten. Die zufällige Verbreitung einzelner Formen und Individuen durch Handel, Verkehr u. s. w. kommt hierbei natürlich nicht in Betracht.

Es bleibt für uns kein Raum, jetzt alle die mannigfaltigen Beobachtungen aufzuführen, mit denen Darwin seine Theorie zu stützen sucht. Wir werden im weiteren Verlaufe unserer Arbeit öfter auf einzelne jener Beobachtungen zurückkommen müssen. Schließlich erscheint es mir doch aber für das Verständniß des die Arbeiten des großen Briten beherrschenden Geistes nicht unwichtig, schon jetzt an ein paar Beispielen zu zeigen, wie er rechnet und wie er nackte sich ihm darbietende Thatsachen für seine Naturanschauung zu verwerthen weiß. Darwin erwähnt z. B., daß wenn man an einem bestimmten Orte acht paar Vögel als existirend annehme, von denen nur vier Paar jährlich (einschließlich der doppelten Brut) nur vier Junge großzögen, welche abermals ihre Jungen nach demselben Ver-

---

[1]) Vergleiche darüber in dieser Sammlung: K. Zittel: Aus der Urzeit, München, 1871, I, S. 118 ff.

hältnisse großzögen, so würden nach Verlauf der kurzen, gewaltsame Todesarten ausschließenden Dauer von sieben Jahren 2048 an Stelle der ursprünglichen sechzehn Vögel vorhanden sein. Da eine solche Vermehrung ganz unmöglich sei, so müsse man folgern, daß entweder die Vögel nicht die Hälfte ihrer Jungen großzögen, oder daß die durchschnittliche Lebensdauer eines Vogels in Folge von Unfällen kaum sieben Jahre betrage. Beide Ursachen der Verminderung der Individuen wirkten wahrscheinlich nebeneinander.

In den La Plata-Staaten waren 1826 bis 1828 einige Millionen Stück Vieh dahingerafft worden, damals starrte das ganze Gebiet von Mäusen. Man darf nun, so meint Darwin, nicht bezweifeln, daß während der Paarungszeit alle Mäuse (mit Ausnahme weniger Männchen und Weibchen) sich regelmäßig paarten und daß daher jenes erstaunliche Wachsthum während dreier Jahre dem Umstande zugeschrieben werden müsse, daß eine größere Anzahl als gewöhnlich das erste Jahr überlebte, dann sich paarte und so fort, bis zum dritten Jahre, in welchem die Zahl bei der Wiederkehr nassen Wetters auf ihr gewöhnliches Niveau zurückgeführt wurde.

Bereits 1793 hatte K. Sprengel die Mittheilung gemacht, daß zur Befruchtung der sogenannten Knabenkrautgewächse oder Orchideen Insecten nothwendig seien, welche die Samenstaubmassen fortschafften, wobei sie die Staubbeutel aufstießen. Nun hat Darwin neben anderen Späteren die Einrichtungen britischer und ausländischer Orchideen zur Befruchtung durch Insecten genauer studirt und den Sachverhalt durch zahlreiche Versuche aufgehellt.

Er suchte in dieser Arbeit zu zeigen, daß ein ursprünglich nur zu einem Zwecke dienendes Organ durch langsame Abänderung auch ganz anderen Bestimmungen angepaßt werden könne.

In einem weiteren umfangreichen Werke über „das Variiren der Thiere und Pflanzen im Zustande der Domestication" bringt Darwin eine überraschende Menge von selbstgesammelten und beobachteten Thatsachen bei, welche „den Betrag und die Veränderungen erläutern, die die Thiere und Pflanzen, seitdem sie unter Herrschaft des Menschen stehen, erlitten haben, oder welche sich auf allgemeine Principien der Variation beziehen." Der Inhalt dieses Buches wird uns in den nächsten Kapiteln unseres Werkchens vornehmlich beschäftigen.

Alsdann behandelt Darwin die Frage über den Ursprung oder die Abstammung des Menschen. Auch hierüber liegt uns ein zweibändiges Werk vor, in welchem namentlich selbst hinsichtlich der Geschlechts-Eigenthümlichkeiten und der geschlechtlichen Zuchtwahl unter Thieren eine Fülle von Beobachtungen und Feststellungen gegeben wird. Dieses Buches Inhalt wird uns im Verlaufe unserer Arbeit ebenfalls häufiger vor Augen treten.

Weniger dürfte dieses mit Darwin's Werk über den „Ausdruck der Gemüthsbewegungen bei dem Menschen und den Thieren der Fall sein, in welchem durch lange anatomisch-physiologische, klinisch-experimentelle und psychologische Ausführungen in einer gewissen beschränkten Ausdehnung die Abstammung des Menschen von „irgend einer niederen thierischen Form" unterstützt wird.

Mit einer kurzen Erwähnung des neuesten (1875 zu

London erschienenen) Werkes über „Insecten fressende Pflanzen“, in welchem das Abgefangen- und Verdautwerden von Kerbthieren, Fleischstückchen, Eiweiß, Leim-, Käsetheilchen und anderen animalischen Stoffen auf reizbaren, theilweise verschließbaren und absondernden Organen der Fliegenfalle (Dionaea), des Sonnenthaues (Drosera), der Kannenpflanze (Nepenthes), des Fettkrautes (Pinguicula) und anderer Gewächse auf dem Wege des Versuches nachgewiesen wird — müssen wir vorläufig eine Uebersicht der reichen literarischen Thätigkeit Darwin's beschließen.

Gleichzeitig mit Darwin und völlig unabhängig von diesem nun hatte sich auch ein anderer englischer Naturforscher, Namens Alfred Russel Wallace mit der „Theorie der natürlichen Zuchtwahl und der Entstehung der Arten beschäftigt. An Hand reiches, in fremden Ländern gesammelten Materials ist es diesem Gelehrten gelungen, jene brennenden Fragen der Wissenschaft in geistvoller und kritischer Weise zu behandeln, und ihre Erkenntniß sehr wesentlich zu fördern. Wallace sucht uns u. A. zu zeigen, nach welchen Gesetzen die Einführung neuer Arten geregelt worden sei. Das Gesetz, welchem zufolge eine jede Art sowohl dem Raume, als auch der Zeit nach zugleich mit einer vorherexistirenden, nahe verwandten Art in die Erscheinung trete, müsse eine ungeheuere Menge von unabhängigen und bis dahin unerklärten Thatsachen verbinden und verständlich machen. Es existire in der Natur eine Tendenz zu dem andauernden Fortschreiten bestimmter Klassen von Varietäten weiter und weiter von ihrem ursprünglichen Typus entfernt, ein Fortschreiten, dem irgend bestimmte Grenzen zu bezeichnen kein Grund vorhanden zu sein scheine. Merkwürdig sind die Auseinandersetzungen und Schlüsse unseres Verfassers in Bezug auf die sogenannten schützenden Aehnlichkeiten[1]) bei Thieren. Er giebt eine sehr ausführliche Darstellung der verschiedenartigen Mittel und Wege, durch welche die äußere Form und die Färbung der Thiere sich den Verhältnissen so anpassen, daß sie ihnen nützlich werden, so daß sie sich sowohl vor ihren Feinden, als auch vor den Geschöpfen, auf welche sie Jagd machen, nützlich verbergen können. Ein Beispiel diene zur Erläuterung der Wallace'schen Ansichten über Mimicry. Schreiber dieses bemerkte, wie in der ostafrikanischen Wüste sich die Thierwelt in ihrer Färbung und in ihrem Gebahren dem in den Sand- und Steinmassen jener unermeßlichen Einöden herrschenden Colorit und der daselbst auftretenden Oberflächenbildung anpaßt. Die daselbst lebenden Affen, Klippschliefer (Hyrax), Mäuse, Rennmäuse (Meriones), Springmäuse (Dipus), Füchse, die Gazellen, Schakale (Sacalius) und Wolfshunde (Dieba), die Vögel, Reptilien und Insecten, tragen ein mehr oder minder helles, falbes, fahlgelbes oder graulich-gelb-braunes Kleid. Dies läßt sie nur schwer von dem ähnlich gefärbten Wüstenboden unterscheiden. Behend in ihren Bewegungen, wissen jene Geschöpfe an offenen Stellen jede noch so geringe Unebenheit des Bodens zu benutzen, um sich daselbst zu decken. Mitten im abgesetzten Hüpfen, Schlüpfen, Kriechen und Schlängeln öfters anhaltend, dem ähnlich gefärbten Terrain im vorsichtigen Ducken sich anschmiegend, ununterbrochen äugend und lauschend, wissen solche

[1]) Mimicry im Englischen, ein schwer übersetzbares Wort.

Thiere den Nachstellungen ihrer Feinde sehr gewandt zu entgehen. Wie schwierig war es, aus den angeführten Gründen, manchmal einer geckoartigen Eidechse, eines Tausendfußes, einer Hüpfspinne, eines mantisartigen Gradflüglers (Eremophila kamsin), im Wüstengebiete z. B. der alten Stätten Memphis und Hermonthis habhaft zu werden. Letztgenanntes Insect erschien auf weißlichem Kalkgestein grau, auf gelbem Wüstensande mehr fahl-isabell, auf braunschwarzem Felsgestein aber dunkler. Aehnliches berichteten H. Tristram und K. Zittel. Die Plattfische und Rochen längs unseren flachen Sandküsten haben meist eine den letzteren entsprechende Gesammtfärbung u. s. w. Dagegen zeigen die über den Korallenbänken, jenen Blumengärten des Meeresgrundes hinstreichenden Fische die prachtvollsten Tinten. Nächst Wallace haben noch viele Andere über schützende Aehnlichkeiten bei Thieren geschrieben.

In einem „die malayischen Papilioniden (Tagschmetterlinge) als Illustration der natürlichen Zuchtwahl" überschriebenen Kapitel sucht Wallace zu beweisen, wie viel unter günstigen Umständen aus dem Studium dessen zu lernen sei, was man die äußere Physiologie einer kleinen Gruppe von Thieren nennen könnte, welche einen beschränkten District bewohnen. Die natürliche Beschaffenheit der Art, die Gesetze der Abänderung, der geheimnißvolle Einfluß der Oertlichkeit auf Form und Farbe, die Erscheinungen des Dimorphismus (oder des Zusammenlebens zweier verschiedener Formen an derselben Oertlichkeit, welche nicht durch Zwischenformen mit einander verbunden sind und die alle von gemeinschaftlichen Eltern gelegentlich gezeugt werden), ferner die Erscheinungen der schützenden Aehnlichkeiten, der umwandelnde Einfluß des Geschlechtes, die allgemeinen Gesetze der geographischen Verbreitung und die Deutung der früheren Veränderungen der Erdoberfläche — sie alle ließen sich nach Wallace's Meinung mehr oder weniger vollständig durch die sehr beschränkte Gruppe der malayischen Papilioniden aufhellen. Zugleich aber seien die aus diesen Thatsachen gezogenen Schlüsse durch übereinstimmende Vorkommnisse, wie sie in anderen und oft weit abweichenden Thiergruppen aufträten, zu stützen. Wallace, auf einer langen Reihe von passendem Beobachtungsmateriale fußend, bemerkt ferner, daß die Geistesfähigkeiten, welche die Menschen bei der Aufrichtung ihrer Wohnungen befolgten und welche die Vögel bei dem Bau ihrer Nester beurkundeten, wesentlich Nachahmung und Anpassung an neue Verhältnisse seien. Instinkt bedeute, wenn überhaupt etwas, so doch nur die Fähigkeit, einen zusammengesetzten Akt ohne Unterweisung oder Erfahrung zu verrichten.

In einem die „Theorie der Vogelnester" benannten Abschnitte kommt Wallace zu dem Schlusse, daß die Art zu nisten die Färbung des weiblichen Geschlechtes bei dieser Thiergruppe beeinflußt habe. Die bunten Farben der Blumen, welche man so lange als einen überzeugenden Beweis dafür angesehen habe, daß Färbung zu anderen Zwecken verliehen worden sei, als zum Vortheile der Besitzer derselben, folgten dem von Darwin bewiesenen großen Nützlichkeitsprinzipe. Denn Blumen bedürften nicht oft des Schutzes, aber sie bedürften sehr oft der Hülfe der Insecten zur Befruchtung und Erhaltung ihrer Fortpflanzungskräfte. Ihre hellen Farben zögen die Insecten an, ebenso wie ihre süßen Gerüche und ihre Honigabsonderung. Jene Pflanzen, welche allein durch Luftströmungen befruchtet werden könnten und nicht der Hülfe der Insecten bedürften, hätten selten oder nie buntfarbige Blumen.

Das sind einige Hauptsätze aus den Arbeiten Wallace's. Sein Reisebegleiter auf einer langen, mühevollen Wanderung im Gebiete des Amazonenstromes, H. W. Bates, ein ausgezeichneter Naturbeobachter, hat ebenfalls eingehende Studien über den Ursprung der Arten angestellt. Man habe, so urtheilt Bates, bis jetzt keinen Beweis für die *Hervorbringung* einer *physiologischen* Art geliefert, d. h. einer *Form*, die sich nicht mit einer anderen, aus der sie hervorgegangen, vermischt hätte, und die, wenn sie in dieselben Verhältnisse gebracht würde, wie die Form, aus der sie hervorgegangen, nicht wieder zu dieser zurückkehrte. *Morphologische Arten*, d. h. Formen, die bis zu einem solchen Grade verschieden seien, daß sie mit Recht für *wirkliche Arten* angesehen werden könnten, seien in Menge hervorgebracht worden, durch Auswahl von Abänderungen, die durch Zähmung oder Zucht entstanden seien. Bates suchte an Uebergangsformen der Schmetterlinge **Heliconius Melpomene** und **Thelxiope** zu zeigen, daß eine *physiologische* Art in der Natur hervorgebracht werden könne und hervorbracht werde, ganz außerhalb der Abänderungen einer vorher vorhandenen nahe verwandten. Bates will auf seiner Reise eine Anzahl solcher Fälle bemerkt haben.

Zu sehr wenigen Malen aber soll es sich getroffen haben, daß die Species, welche deutlich die *ursprüngliche* zu sein schien, neben derjenigen bestand, welche ursprünglich von ihr abgeleitet worden ist. In der Regel scheine die vermuthliche Grundspecies ebenfalls modificirt zu sein und dann sei der Beweis nicht so klar, denn es fehlten einige Glieder in der Kette der Variation. Dem Processe der Hervorbringung einer Art in der Natur werde, da er allmählich vor sich gehe, vielleicht nie von den Menschen nachgespürt werden können, und zwar wegen der langen Zeit, die er erfordere. Man könne aber eine leidliche Ansicht davon erhalten, wenn man einer veränderlichen und sich weit verbreitenden Species über das große Gebiet ihrer gegenwärtigen Vertheilung nachspüre und lange Beobachtung einer solchen werde uns zu dem Schlusse führen, daß neue Species in allen Fällen aus veränderlichen und sehr verbreiteten Formen entstanden sein müssen. Zuweilen komme es, wie in dem vorliegenden Falle (Heliconius) vor, daß wir an einer Oertlichkeit eine Art in einer gewissen Form fänden, welche allen betreffenden Individuen constant sei, in einem anderen Falle eine Menge Abweichungen zeige und in einem dritten selbst als eine constante Form erscheine, ganz verschieden von derjenigen, von welcher wir ausgegangen seien. Wenn man eine oder zwei dieser Umänderungen träfe, welche neben einander lebten und unter solchen Umständen ihre unterscheidenden Merkmale behielten, so sei der Beweis einer natürlichen Erzeugung einer Art vollständig und könnte nicht vollständiger sein, auch wenn wir dem Prozeß Stufe für Stufe nachgehen könnten. Man möchte einwenden, daß der Unterschied zwischen den beiden erwähnten Heliconius-Arten nur unbedeutend sei, und daß, wenn wir sie als Abarten classificirten, nichts weiter durch sie bewiesen würde. Aber die Unterschiede zwischen ihnen seien derart, wie sie allgemein zwischen verwandten Species stattfänden. Große Genera seien zum großen Theile von solchen Species zusammengesetzt, und es sei interessant zu zeigen, wie die beträchtliche und schöne Verschiedenheit innerhalb eines großen Genus nach Gesetzen hervorgebracht würde, die wir begreifen könnten.

Wenn man in der That eine der vielen, ganze Familien, Gattungen und Arten von Thieren behandelnden systematischen Arbeiten durchgeht, so wird man häufig Gattungs- und vor Allem Art-Kennzeichen für im Systeme angeblich ganz aus einander zu haltende Wesen aufgestellt finden, welche noch weit geringere, weit weniger bedeutende Unterschiede darbieten, wie sie uns Bates an Heliconius Melpomene und H. Thelxiope kennen gelehrt hat. Dieser bemerkt ferner, daß die Naturforscher in der Regel geneigt gewesen seien, die Bildung örtlicher Varietäten oder Rassen einer Art der unmittelbaren Einwirkung physikalischer Bedingungen auf die Individuen zuzuschreiben, die zu den Arten gehörten, welche nach neuen Oertlichkeiten übergesiedelt seien. Aeußerliche Einwirkungen, wie Nahrung und Klima, die das Wachsthum aufhielten und beförderten, übten freilich eine große Wirkung z. B. auf Insecten aus, indem sie deren ausgebildeten Zustand beeinflußten und somit durch Wechselbeziehung des Wachsthums auf Gestalt und Farbe der ausgebildeten Formen einwirkten. Eine gewisse Tagschmetterlingsart (Heliconius Thelxiope) sei z. B. über einen District von etwa 400 geographischen Meilen Länge, von Ost nach West, von der Mündung des Amazonenstroms bis an die östlichen Abhänge der Anden verbreitet, zeige aber auf diesem ganzen Wege keine bemerkenswerthe Abänderung, nur an den äußeren Endpunkten fänden sich deren einige geringe. Hätten locale, direct auf die Individuen einwirkende Bedingungen diese Rasse oder Species hervorgebracht, so würden sie jedenfalls in verschiedenen Theilen dieser Gegend große Umänderungen bewirkt haben, denn das obere Amazonien sei sehr verschieden von den Districten in der Nähe des atlantischen Meeres sowohl hinsichtlich des Klimas, als auch der Folge der Jahreszeiten, des Bodens, der Walddecke, der periodischen Ueberschwemmungen u. s. w. Diese Verschiedenheiten nähmen überdies stufenweise zu und ab, so daß die Art von einer Oertlichkeit zur anderen einer großen Abwechslung physikalischer Bedingungen unterworfen sei und folglich nach der angeführten Ansicht anstatt einer durchaus beständigen Form eine endlose Reihe örtlicher Varietäten zeigen müßte u. s. w. Daher würde, so urtheilt Bates, bei der Trennung der Rasse augenscheinlich eine feinere Einwirkung in Thätigkeit sein, als die directe Wirkung äußerer Bedingungen. Darwin's Princip der natürlichen Wahl scheine aber eine verständliche Erklärung dafür zu bieten.

Angesichts einer Lehre, welche wie diejenige Darwin's eine so große Umwälzung in der allgemein herrschenden Naturauffassung hervorrief, darf es uns nicht Wunder nehmen, wenn wir bald nach dem Erscheinen der ersten Auflage jenes oben näher characterisirten Buches eine Menge von zustimmenden und von zurückweisenden, sowie von solchen Arbeiten erstehen sahen, die theils eine vermittelnde Haltung Darwin gegenüber einnehmen, theils dessen

Ansichten modificiren, welche endlich der seinigen ähnliche Lehren aufstellen. Es erstand eine vollständige Darwin-Literatur in allen nur druckbaren Sprachen. Darunter ist manches Gute und sehr vieles Schlechte. Es haben sich auf diesem Gebiete zum Theil unsere besten Forscher rüstig für und wider getummelt, aber es haben sich nicht leicht auch wieder irgendwo anders leichtsinniger Dilettantismus und flaches Geschwätz in eckelhafterer Weise breit gemacht, als gerade hier. Wir sind natürlich außer Stande, an diesem Orte einen laufenden Auszug aus der uns nur wissenschaftlich berechtigt dünkenden Darwin-Literatur zu geben. Wir müssen uns vielmehr darauf beschränken, hier einige hervorragendere Leistungen oder einzelne wichtige Aussprüche der auf Wallace und Bates folgenden Freunde und Feinde Darwin's und des Darwinismus in unpartheiischer Weise aufzuführen. Möge dies Wenige immerhin dazu dienen, dem denkenden Leser ungefähr die Bahnen zu deuten, welche die hoch- und niedergehenden Wogen einer der mächtigsten geistigen Strömungen nehmen, welche die Menschheit je bewegt haben.

Zu den eifrigsten und rücksichtslosesten Verfechtern der Darwinischen Lehre gehört Prof. Ernst Häckel in Jena. Derselbe hat nicht nur die letztere anerkannt und weiterauszubauen gesucht, sondern er hat selbstständig ein auf dem Boden des „Darwinismus“ oder der Züchtungslehre, der Selectionstheorie (vergl. S. 59) ruhendes Natursystem aufzustellen sich bemüht, welches uns u. A. die Ontogenie oder Entwicklungsgeschichte des organischen Individuums vorführt. Dieselbe wiederholt uns nach des Verfassers eigenem Ausdruck kurz in großen markigen Zügen das Bild der Formenreihe, welche die Vorfahren des betreffenden Individuums von der Wurzel ihres Stammes an zu durchlaufen haben. Indem wir die palaeontologische (d. h. die organischen Reste der Erdrinde betreffende) Entwicklungsgeschichte der Vorfahren als Stammesgeschichte oder Phylogenie bezeichnen, können wir das höchst wichtige biogenetische Grundgesetz, das Gesetz der organischen Entwicklung aussprechen. Die Ontogenie ist eine kurze und schnelle, durch die Gesetze der Vererbung und Anpassung bedingte Wiederholung oder Recapitulation der Phylogenie. Indem jedes Thier und jedes Gewächs vom Beginn seiner individuellen Existenz an eine Reihe von ganz verschiedenen Formzuständen durchläuft, deutet es uns in schneller Folge und in allgemeinen Umrissen die lange nur langsam wechselnde Reihe von Formzuständen an, welche seine Ahnen seit den ältesten Zeiten durchgemacht haben.

Häckel bemerkt hierzu, daß die Ontogenie gerade für die Erkenntniß der frühesten palaeontologischen Entwicklungszustände von ganz unschätzbarem Werthe sei, weil einmal von den ältesten Entwicklungszuständen der Stämme und Klassen uns gar keine versteinerten Reste erhalten seien und auch schon wegen der weichen und zarten Körperbeschaffenheit derselben nicht erhalten bleiben konnten. Keine Versteinerung vermöchte uns von der unverkennbar wichtigen Thatsache zu berichten, welche die Ontogenie uns erzählt, daß die ältesten gemeinsamen Vorfahren aller verschiedener Thier- und Pflanzenarten ganz einfache Zellen, gleich den Eiern gewesen seien. Keine Versteinerung könnte uns die unendlich werthvolle, durch die

Ontogenie festgestellte Thatsache beweisen, daß durch einfache Vermehrung, Gemeindebildung und Arbeitstheilung jener Zellen die unendlich mannigfaltigen Körperformen der vielzelligen Organismen (S. 27 ff.) entstanden wären. So helfe uns die Ontogenie über viele und große Lücken der Palaeontologie (Versteinerungskunde) hinweg.

Häckel nennt morphologisches Form-Individuum oder organische Formeinheit diejenige einheitliche Formerscheinung, welche ein in sich abgeschlossenes und in sich zusammenhängendes Ganzes bildet. Von diesem Ganzen kann man keinen Bestandtheil hinwegnehmen, man kann es überhaupt nicht in Theile auseinanderlegen, ohne das Wesen, den Charakter der ganzen Form zu vernichten. Physiologisches oder Leistungs-Individuum oder Lebenseinheit jenes Forschers dagegen ist diejenige einheitliche Formerscheinung, welche vollkommen selbstständig längere oder kürzere Zeit hindurch eine eigene Existenz zu führen vermag. Ein Leistungs-Individuum bethätigt seine Existenz in der Selbsterhaltung, dasselbe lebt für längere oder kürzere Zeit, es nährt sich, vermag sich häufig auch fortzupflanzen und noch andere Lebensverrichtungen zu vollziehen.

Häckel hebt bei seinen Betrachtungen ferner sehr scharf den Unterschied hervor, welcher zwischen jener Weltanschauung besteht, die wir die teleologische oder vitalistische nennen, gegenüber der von uns causale oder mechanische genannten. Ersterer bisher allgemein verbreiteten Weltanschaunng zufolge wurden Thier- und Pflanzenreich als Ergebnisse einer zweckmäßig wirksamen, schöpferischen Thätigkeit angesehen. Man nahm an, daß so künstliche Maschinen, so verwickelte Bewegungsapparate, wie die Organismen, nur hervorgebracht werden könnten durch eine Thätigkeit, welche entsprechend der menschlichen, bei Herstellung unserer Maschinen, wenn auch noch weit vollkommener, als jene, sein müsse. Möge man aber nun die Thätigkeit des Schöpfers noch so erhaben auffassen, immer müsse man wieder dazu getrieben werden, dieselbe mit der menschlichen in Vergleich zu bringen. Man müsse sich den Schöpfer denn doch als ein zwar unendlich vervollkommnetes, aber doch dem Menschen ähnlich denkendes, seine Entwürfe ähnlich planendes und ausführendes Wesen vorstellen. Mit dieser an der Grundschwäche des Anthropomorphismus oder der Vermenschlichung leidenden Anschauung hänge aber diejenige über die zweckmäßige Einrichtung alles vom Schöpfer uns Gegebenen zusammen. Jeder genaue Beobachter überzeuge sich freilich bald, daß jene so vielgerühmte Zweckmäßigkeit so wenig existire, wie die vielgerühmte Allgüte des Schöpfers. Vielmehr erkenne man in der ganzen Natur nur das herbe Gegentheil von dem, was ein allweiser und allgütiger Schöpfer dem von ihm Geschaffenen hätte bereiten müssen, wir fänden nämlich statt behaglichen friedlichen Beisammenseins einen schonungslosen, höchst erbitterten Kampf Aller gegen Alle, ein Streben nach Vernichtung des Nächsten und nach Vernichtung der directen Gegner.

Im Gegensatz zu dieser zwiespältigen oder dualistischen Weltanschauung stehe die mechanische oder causale, welche man auch als die monistische oder einheitliche bezeichnen könne, die ja seit Jahrzehnten bereits gewisse Gebiete der Naturwissenschaften, die Physik

Chemie, Astronomie und Mineralogie beherrsche. Keinem diese genannten Zweige betreibenden Forscher käme es in den Sinn, in den Erscheinungen, welche ihm auf seinem Gebiete fortwährend begegneten, die Wirksamkeit eines zweckmäßig thätigen Schöpfers zu erblicken oder aufzusuchen. Man betrachte die Erscheinungen, welche auf jenen Gebieten zu Tage träten, allgemein und ohne Widerspruch als die nothwendigen und unabänderlichen Kräfte, welche an dem Stoff oder an der Materie hafteten. Wenn der Physiker die Bewegungserscheinungen der Electrizität oder des Magnetismus, den Fall eines schweren Körpers oder die Schwingungen der Lichtwellen verfolge, so sei er bei dieser Arbeit durchaus davon entfernt, das Eingreifen einer übernatürlichen schöpferischen Kraft anzunehmen. In dieser Beziehung befinde sich die Biologie, als die Wissenschaft von den sogenannten „belebten“ Naturkörpern im großen Gegensatz zu jenen vorher genannten anorganischen Naturwissenschaften (der Anorganologie). Zwar habe die neuere Physiologie, die Lehre von den Bewegungserscheinungen im Thier- und Pflanzenkörper, den mechanischen Standpunkt der letzteren vollkommen angenommen (S. 29), allein die Morphologie, die Wissenschaft von den Formen der Thiere und der Pflanzen, scheine dadurch gar nicht bereichert worden zu sein. Die Morphologen behandelten nach wie vor, und größtenteils noch heutzutage im Gegensatz zu jener mechanischen Betrachtung der Leistungen, die Formen der Thiere und Pflanzen als etwas, was durchaus nicht mechanisch erklärbar sei, was nothwendig einer höheren, übernatülichen zweckmäßig thätigen Schöpferkraft seinen Ursprung verdanken müsse. Dabei wäre es aber ganz gleichgültig, ob man diese Schöpferkraft als persönlichen Gott anbetete, oder ob man sie Lebenskraft (vis vitalis) oder Endursache (causa finalis) genannt hätte. In allen Fällen flüchtete man hier zum Wunder als der Erklärung. Man habe sich einer Glaubensdichtung in die Arme geworfen, welche als solche auf dem Gebiete naturwissenschaftlicher Erkenntniß durchaus keine Geltung haben könne.

Häckel preist es als ein unermeßliches Verdienst von Darwin's Lehre, die Ansicht von der Einheit der organischen und anorganischen Natur fest begründet, die Einheit aller Naturerscheinungen endgültig festgestellt zu haben.

Derselbe nimmt, wie so viele Anhänger des „Darwinismus" da, wo es sich um die früheste, noch nicht durch Beobachtung festgestellte Entstehungsweise von Organismen handelt, seine Zuflucht wieder zur Urzeugung oder Generatio spontanea (S. 1 ff.), welche jetzt ihre Wiederherstellung bei den Naturforschern feiert (S. 18). Der jenenser Zoologe behauptet nun, daß bisher durch Experimente die Unmöglichkeit derjenigen Art Urzeugung nicht nachgewiesen sei, bei welcher einfache organische Individuen in einer anorganischen Bildungsflüssigkeit entstehen sollen, welche die zur Zusammensetzung des Einzelwesens erforderlichen Grundstoffe in einfachen und beständigen Verbindungen gelöst enthält. Es ist dies die Autogonie unseres Autors. Allerdings ist durch die Versuche der Spallanzani, Ehrenberg, Haime, Schwann, Pasteur u. A. (S. 7) nur soviel bewiesen worden, daß Neuentstehung von Organismen unter den von den Untersuchern aufgestellten künstlichen Bedingungen nicht stattgefunden habe. Die Unmöglichkeit eines Vorganges, wie Urzeugung, läßt sich nach Häckel's Urtheil überhaupt niemals beweisen. „Man könne nicht wissen, ob in der ältesten unvordenklichen Urzeit nicht ganz andere Bedingungen, als gegenwärtig, existirt hätten, welche eine Urzeugung ermöglichten. Mit voller Sicherheit dürfe man behaupten, daß die allgemeinen Lebensbedingungen der Urzeit, z. B. die Zusammensetzung, der Dichtigkeitszustand und die electrischen Verhältnisse der Atmosphäre, sowie daß die Temperatur, Dichtigkeit und der Salzgehalt der Meere ganz andere gewesen seien, als in der Jetztwelt. Wenn wir auch sonst nichts darüber wüßten, so bliebe wenigstens die Annahme nicht bestreitbar, daß zu jener Zeit unter ganz veränderten Bedingungen eine Urzeugung möglich gewesen, welche heutzutage vielleicht nicht mehr möglich sei."

Verfasser bespricht sodann die Leistungen der neueren Chemie in künstlicher Hervorbringung organischer Verbindungen wie Harnstoff, Alkohol, Essigsäure, Ameisensäure, aus rein organischen Substanzen, er hält die Zeit für nicht mehr allzufern, in welcher selbst die so zusammengesetzten und wichtigen Eiweißverbindungen oder Plasmakörper auf künstlichem Wege erzeugt werden dürften. Dadurch aber sei die tiefe Kluft zwischen organischen und anorganischen Körpern, die man früher allgemein festgehalten, größtentheils oder eigentlich ganz beseitigt und sei für die Vorstellung der Urzeugung der Weg gebahnt.

Die andere Art der Urzeugung, die Plasmogonie

Häckel's findet dann statt, wenn ein Organismus in einer organischen, die erforderlichen Grundstoffe in Form von verwickelten und lockeren Kohlenstoffverbindungen (Eiweiß, Fett, Kohlenhydrate u. s. w.) gelöst enthaltenden Bildungsflüssigkeit entsteht.

Häckel betrachtet als die einfachsten bis jetzt bekannten, und zugleich denkbar einfachsten Organismen die im Meere und in süßen Wassern vorfindlichen Moneren, sehr kleine lebendige Körperchen, welche ganz und gar aus einer structurlosen, einfachen, gleichartigen Materie beständen, welche zeitlebens weiter nichts seien, als formlose bewegliche, eine eiweißartige Kohlenstoffverbindung darstellende Schleimklümpchen. Es werden einige derselben beschrieben u. A. auch jene bereits S. 31 erwähnte Protomyxa aurantiaca. Zu den merkwürdigsten Moneren gehöre aber der 1868 von Huxley entdeckte Bathybius Haeckelii, ein vielbesprochenes, von der Descendenztheorie energisch in Angriff genommenes Gebilde. Dasselbe lebt in 12- bis gegen 24000 Fuß tiefen Abgründen des Weltmeeres, dessen Boden es auf weite weite Strecken hin bedeckt. Bathybius bildet Klumpen oder Netze einer zähen, klebrigen, feingekörnten Masse, welche rundliche, concentrisch geschichtete, oben gewölbte, unten vertiefte, mit dunklem Kern versehene Kalksteinchen (Coccolithen) und hemdknopfähnliche Napfsteinchen (Cyatholithen) enthält. Erstere sind zum Theil in kleinen durchscheinenden Kugeln zusammengehäuft (Coccosphären). Außerdem finden sich in der Grundmasse zufällige Einschlüsse der verschiedensten Art [1]). Häckel hält

[1]) Vergl. Zittel: Aus der Urzeit, I, S. 41, Fig. 3 a—c.

den Bathybius für einen Urschleim, ein structurloses Plasma oder Protoplasma, das aus derselben eiweißartigen Kohlenstoffverbindung bestehe, welche in unendlich vielen Abänderungen als der wesentlichste und nie fehlende Träger der Lebenserscheinungen in allen Organismen sich finde. Die Kalkkörperchen des Schleimes hält Häckel für Ausscheidungen der Gallertmasse. Andere freilich betrachten letztere als eine Art Pilzgewebe, als Erzeugnisse der Entstehung, Vermehrung und des Unterganges verschiedener pflanzlicher Meereskörper, die Coccolithen und Cyatholithen aber als Theile gegliederter Moosfäden der Oberfläche, welche sich senkend in die Gallerte hineingefallen sein sollen. Andere rathen wieder auf Ansammlung todter, gallertiger Körpermasse von Myxobrachien oder von anderen Urwesen. Man sieht, die Sache bedarf noch sehr der Aufklärung.

Häckel denkt sich nun die Moneren durch Urzeugung entstehend, da denselben noch jede Organisation, jeder Unterschied ungleichartiger Theile fehle, da alle ihre Lebenserscheinungen von einer und derselben gleichartigen und formlosen Materie vollzogen würden. Geschehe die Erzeugung der Moneren durch Plasmogonie (S. 78), sei bereits lebensfähiges Plasma vorhanden, so brauche dasselbe blos sich zu individualisiren, in gleicher Weise, wie bei der Krystallbildung sich die Mutterlauge der Krystalle individualisire. Geschehe dagegen die Urzeugung der Moneren durch wahre Autogonie (S. 77), so sei dazu noch erforderlich, daß jenes lebensfähige Plasma, jener Urschleim, vorher aus einfacheren Kohlenstoffverbindungen sich bilde. Man kenne ja doch die künstliche Darstellung ähnlicher zusammengesetzter Kohlenstoffverbindungen in unseren Laboratorien, daher dürften sich auch wohl in der freien Natur Verhältnisse finden, unter denen ähnliche Verbindungen entstehen könnten. Die so einfachen, organlosen und dennoch wachsenden, sich ernährenden und sich forpflanzenden Moneren seien geeignet, die zwischen Kant's Weltbildungstheorie und Lamarck's Descendenztheorie klaffende Lücke auszufüllen. Die noch lebenden Moneren stammten nun entweder direct von den zuerst entstandenen oder „erschaffenen" ältesten ab, oder sie seien viel wahrscheinlicher erst später im Laufe der organischen Erdgeschichte durch wiederholte Urzeugung, die noch heut fortdauern könne, entstanden. Auch Bathybius bilde sich vielleicht noch jetzt beständig auf solche Weise neu.

Bei der weiteren Entwicklung der Moneren, welche die Ureltern aller übrigen Organismen geworden sein könnten, habe sich zunächst der Kern oder Nucleus in dem formlosen Eiweißklümpchen gebildet, rein durch Verdichtung der innersten Eiweißtheilchen. Das Moner habe sich dadurch in eine Zelle umgewandelt. Durch chemischen Niederschlag, physikalische Verdichtung in der äußersten Monermasse oder durch Ausscheidung bildete sich dann eine Zellmembran, welche als schützende Hülle das weichere Innere gegen die angreifenden Einflüsse der Außenwelt abgeschlossen hatte. Die so gebildeten Zellen, organische Individuen erster Ordnung belegt Häckel mit dem Namen Bildnerinnen oder Plastiden. Unter ihnen seien die kernlosen Cytoden und kernhaltigen Zellen besondere Gruppen. Die Urcytoden seien nackte, kernlose Plasmastücke gleich den noch lebenden Moneren und entständen durch Urzeugung. Die Hüllcytoden seien zwar kernlose, aber mit Membran oder Schale umgebene Plasmastücke, entstanden aus jener durch Verdichtung der äußeren Plasmaschicht oder durch Ausscheidung einer Hülle. Urzellen hätten einen Kern aber keine Hülle, sie seien aus den Urcytoden durch Verdichtung zum Zellkern entstanden. Hüllzellen endlich entstünden aus Hüllcytoden durch Kern- oder aus Urzellen durch Membranbildung. Alle übrigen Formen von Bildnerinnen oder Plastiden seien erst nachträglich durch natürliche Züchtung, durch Abstammung mit Anpassung oder Umbildung aus jenen Grundformen hervorgegangen.

Häckel legt sich weiterhin die Frage vor, ob alle organischen Cytoden und Zellen von einer einzigen ursprünglichen Monerenform abstammten oder ob es mehrere verschiedene organische Stämme gebe, deren jeder von einer eigenthümlichen, selbstständig durch Urzeugung entstandenen Monerenart abzuleiten sei. Unter Stamm oder Phylum habe man die Gesammtheit aller derjenigen Organismen zu verstehen, deren Blutsverwandtschaft, deren Abstammung von einer gemeinsamen Stammform aus anatomischen und entwicklungsgeschichtlichen Gründen nicht zweifelhaft sein könne oder doch wenigstens in hohem Maaße wahrscheinlich sei. Diese Stämme oder Phylen fielen im Thierreiche wesentlich mit jenen vier bis sieben Hauptabtheilungen zusammen, welche die Zoologen seit Bär und Cuvier als Hauptformen, Generalpläne, Zweige oder Kreise des Thierreiches unterschieden. Das seien Wirbelthiere (Vertebrata), Gliederthiere (Arthropoda), Weichthiere (Mollusca), Würmer (Vermes), Sternthiere (Echinodermata), Pflanzenthiere (Zoophyta) und

Urthiere (Protozoa). Innerhalb jedes der Stämme zeigten alle dazu gehörigen Thiere trotz großer Mannigfaltigkeit in der äußeren Form und im inneren Bau dennoch so zahlreiche und wichtige gemeinsame Grundzüge, daß man an ihrer Blutsverwandtschaft nicht zweifeln könne.

Nun sprächen aber sehr gewichtige Thatsachen der Anatomie und der Entwicklungsgeschichte für die Vermuthung, daß jene wenigen Hauptklassen oder Stämme noch an ihrer Wurzel zusammenhingen, d. h. daß ihre niedersten und ältesten Stammformen wieder unter sich blutsverwandt seien. Ja bei weiter gehender Untersuchung wäre man noch einen Schritt weiter und zu Darwin's Annahme hingedrängt, daß auch die beiden Stammbäume des Thier- und Pflanzenreiches an ihrer tiefsten Wurzel zusammenhingen, daß auch die niedersten und ältesten Thiere und Pflanzen von einem einzigen gemeinsamen Urwesen abstammten. Natürlich könnte dieser gemeinsame Urorganismus nur ein durch Urzeugung entstandenes Moner sein.

Vorsichtiger werde man vorläufig jedenfalls verfahren, wenn man diesen letzten Schritt vermeide und wahre Blutsverwandtschaft nur innerhalb jedes Stammes oder Phylum annehme, wo sie durch die Thatsachen der vergleichenden Anatomie, Ontogenie und Phylogenie unzweifelhaft sichergestellt werde. Aber schon jetzt könne man bei dieser Gelegenheit darauf hinweisen, daß zwei verschiedene Grundformen der Abstammungshypothesen möglich seien, und daß alle verschiedenen Untersuchungen der Descendenztheorie über den Ursprung der organischen Formengruppen sich künftig entweder mehr in der einen oder mehr in der anderen von beiden Richtungen bewegen würden. Die einheitliche (einstämmige oder monophyletische) Abstammungshypothese werde bestrebt sein, den ersten Ursprung aller einzelnen Organismengruppen und ihrer Gesammtheit auf eine einzige gemeinsame, durch Urzeugung entstandene Monerenart zurückzuführen. Die vielheitliche (vielstämmige oder polyphyletische) Abstammungshypothese dagegen werde annehmen, daß mehrere verschiedene Monerenarten durch Urzeugung entstanden seien, und daß diese mehreren verschiedenen Hauptklassen, Stämmen oder Phylen ihren Ursprung gegeben hätten. Im Grunde sei nun der scheinbar sehr bedeutende Unterschied zwischen beiden Hypothesen doch kein beträchtlicher. Denn beide müßten nothwendig auf Moneren als auf die älteste Wurzel des einen oder der vielen organischen Stämme zurückgehen. Bei dem gleichartigen Bau der Moneren könnten aber die Unterschiede verschiedener derselben nur chemischer Natur sein und nur auf einer abweichenden atomistischen Zusammensetzung jener schleimigen, eiweißartigen Kohlenstoffverbindung beruhen. Diese feinen und verwickelten Mischungsverschiedenheiten der unendlich mannigfaltig zusammengesetzten Eiweißverbindungen seien aber vorläufig für die rohen und groben Erkenntnißmittel, über welche die Menschen verfügten, gar nicht wahrnehmbar. Daher seien sie auch für die vorliegende Aufgabe von weiter keinem Interesse.

Im Allgemeinen glaubt nun Häckel der einstämmigen oder monophyletischen Descendenzhypothese mehr innere Wahrscheinlichkeit als der vielstämmigen oder polyphyletischen zuerkennen zu müssen. Verschiedene Betrachtungen führen ihn zu der Annahme, daß die Stammform einer jeden größeren und kleineren natürlichen Gruppe nur einmal im Laufe der Zeit und nur an einem Orte der Erde an ihrem Schöpfungsmittelpunkte durch natürliche Züchtung entstanden sei. Namentlich müsse das bei der großen Mehrheit der höheren, vollkommener gebildeten Thiere und Pflanzen der Fall sein, bei welcher die Arbeitstheilung oder Differenzirung der sie zusammensetzenden Zellen und Organe einen gewissen Grad erreicht habe.

Erklärte man sich nun mit Häckel für eine monophyletische Descendenz des Thierreiches und des Pflanzenreiches[1]) so würde man die oben (S. 82) genannten sieben Phylen oder Stämme der Thiere als an ihrer Wurzel zusammenhängend ansehen und würde man die von Jenem erwähnten drei bis sechs Hauptklassen oder Phylen des Pflanzenreiches von einer gemeinsamen ältesten Stammform ableiten müssen. Unser Autor entwirft nun je einen monophyletischen Stammbaum für die beiden Reiche und sucht dessen palaeontologische Begründung auf. Er erläutert in dem zugehörenden Texte ganz genau, wie er sich den Zusammenhang der einzelnen Stämme denkt.

Nun findet sich aber noch eine merkwürdige Gruppe von winzigen, weder in den Stammbaum des Pflanzenreiches noch in denjenigen des Thierreiches hineinpassenden

[1]) Ich habe hier, um nicht zu weit greifen zu müssen, die auf die Pflanzen bezüglichen Ansichten Häckel's nur ihrem geringsten Theile nach, nur in soferne berücksichtigen zu dürfen geglaubt, als es mir für das Verständniß der Lehren jenes Forschers unbedingt nothwendig erschien.

Organismen. Diese nur mit bewaffnetem Auge wahrnehmbaren Geschöpfe zeigen in ihrem Bau und ihren Lebenserscheinungen meistens eine so bunte Vermischung von mancherlei pflanzlichen und thierischen Eigenschaften, daß sie bald von den Botanikern, bald von den Zoologen als Gegenstände ihrer ausschließlich fachmännischen Studien in Anspruch genommen werden. Häckel vereinigt diese, hinsichtlich ihrer systematischen Stellung so lange zweifelhaft gebliebenen Organismen in einem dritten zwischen den Thieren und Pflanzen mitten innestehenden Naturreiche, demjenigen der Urwesen oder Protisten (Protista). Als selbstständige Klassen dieses Protistenreiches stellt Häckel vorläufig folgende acht Gruppen auf: 1) Die zur Zeit noch lebenden Moneren. 2) Die Amoeboiden (S. 31) oder Lobosen. 3) Die Geißelschwärmer oder Flagellaten (S. 32). 4) Die Flimmerkugeln oder Katallakten. 5) Die Labyrinthläufer oder Labyrinthuleen. 6) Die Kieselzellen oder Diatomeen. 7) Die Schleimpilze oder Myxomyceten. 8) Die Wurzelfüßer oder Rhizopoden (S. 31). Nach Häckel's Ansicht wird nun jeder Anhänger der einstämmigen oder monophyletischen Abstammungslehre und der Blutsverwandtschaft aller Organismen die verschiedenen Protistenklassen als niedere Wurzelschößlinge zu betrachten haben, welche aus derselben Wurzel durch Urzeugung entstandener Moneren heraussprossen, aus welcher die beiden mächtigen und vielverzweigten Stammbäume des Thier- und Pflanzenreiches entstanden sind.

Das ungefähr sind Hauptzüge aus Häckel's monistisch-philosophischem System der Schöpfung und Entwicklung der Organismen, einem System, welchem es keineswegs an

Kühnheit der Construction gebricht und welchem Niemand die Anerkennung einer energisch unternommenen, consequent verfolgten Durchführung versagen wird. Ihm schließt sich der Zoolog O. Schmidt an, welcher die Naturforscher auffordert, hinsichtlich der Abstammungslehre Farbe zu bekennen, ein fundamentales Entweder, Oder zu sprechen. Schmidt erklärt die Darstellung des Stammbaumes der Organismen für das Endziel des Darwinismus.

Der hervorragende Anatom C. Gegenbaur ist nicht allein entschiedener Anhänger von Darwin's Lehren, sondern derselbe hat sich auch Häckel's System so durchaus zu eigen gemacht, daß seine Darstellungsweise der Anatomie der Thiere vollständig davon beeinflußt wird. Der englische Anatom und Zoologe Th. Huxley nannte die darwinische Theorie den größten Beitrag zur biologischen Wissenschaft seit der Veröffentlichung von Cuvier's „Thierreich" und von K. E. v. Bär's „Entwicklungsgeschichte". Entkleide man ihn seines theoretischen Theiles, so bilde er noch eins der größten Wörterbücher der Wissenschaft von den Lebenserscheinungen der Organismen, das jemals von einem einzigen Manne hervorgebracht worden sei. Fasse man ihn aber als die Verkörperung einer Hypothese auf, so sei er bestimmt in den nächsten drei bis vier Geschlechtsfolgen als Führer auf dem Wege der biologischen und physiologischen Speculation zu dienen.

Außer jenen specieller genannten Forschern haben sich noch eine Anzahl Anderer bemüht durch mehr und weniger tief gehende Untersuchungen die Sache des Darwinismus zu fördern. Es würde mindestens eines Bandes von Stärke des vorliegenden bedürfen, wollten wir hier die

Arbeiten jener Männer auf dem Gebiete der Abstammungslehre auch nur auszugsweise aufführen. Indessen soll es uns doch nicht benommen sein, wenigstens einige Namen zu nennen, welche unserem Gefühle nach vorzüglich Berücksichtigung verdienen. Es sind das nicht bloß fanatische Anhänger der Lehre, manche von ihnen verhalten sich sogar zurückhaltend oder kritisch sichtend, immer aber sind es Mehrer der Sache. Da sind z. B. im Gebiete der Thierkunde die Belt, Claus, Dohrn, Eimer, Giard, Hensel, Hilgendorf, v. Ihering, Jäger, Gebrüder Kowalewsky, Kupfer, August, Hermann und Fritz Müller, Potts, Riley, Seidlitz, Semper, Settegast, Spengel. Als Physiologen sind es die E. Dubois-Reymond, Helmholtz, Preyer, auf dem Gebiete der Versteinerungskunde die Gaudry, Gill, Marsch, Neumayr, K. Kowalewsky und K. Zittel, in der Pflanzenkunde die A. Braun, Dodel, Kerner, P. Magnus, Straßburger, Ch. Wright u. A. A. Braun, ein Senior unter unseren besten Botanikern, ein Mann von sehr umfassender naturwissenschaftlicher Bildung, erklärt betreffs Darwin's Lehren, daß sie nicht, wie so oft schon zu beweisen versucht worden sei, Schöpfung und Entwicklung als unvereinbare Begriffe neben einander stellten. Denn sobald man die Schöpfung nicht als eine bloß der Vergangenheit angehörige oder nur in einzelnen abgerissenen Momenten hervortretende, sondern als eine zusammenhängende, in der Zeit allgegenwärtige göttliche Wirksamkeit betrachte, könne man sie nirgends sonst als in der natürlichen Entwicklungsgeschichte selbst suchen und finden. Eine Entwicklungstheorie müsse zugleich Descendenztheorie sein.

Hinsichtlich der natürlichen Zuchtwahl erklärt sich Braun im Anschluß an Nägeli dafür, daß die Variabilität nicht durch äußere Ursachen bedingt sei, sondern viel mehr durch innere. Die Richtungen der Umgestaltung der organischen Natur würden nach Nägeli durch ein den Organismen innewohnendes Princip der Vervollkommnung bestimmt. Erst auf dem Boden der aus innerem Grunde fließenden Entwicklung erhielten der Kampf ums Dasein und die natürliche Auswahl ihre wahre Bedeutung.

Es ist wohl nicht zuviel gesagt, wenn wir hier angeben, daß die Mehrzahl der jüngeren Zoologen, Botaniker und Geologen der Fahne Darwin's und seiner Hauptvertreter folgen. Auch hinsichtlich der Naturgeschichte des Menschen schließen sich unter Anderen Büchner, von Jhering, Spengel, Virchow, von Siebold, Schaaffhausen und K. Vogt den „Darwinisten“ mehr oder minder bedingungslos an.

Unter denjenigen Forschern aber, welche sich gegen den Darwinismus aufgelehnt haben, wollen wir hier nur einige den verschiedensten Fächern Angehörende nennen. Sogleich beim Erscheinen der ersten deutschen Bearbeitung des Buches „The Origin of Species“ machte der alte Bronn, als Uebersetzer Darwin's (S. 57) bei aller Anerkennung doch auch Bedenken gegen eine Lehre geltend, welche er „eine in ihren Grundbedingungen der Rechtfertigung noch durchaus bedürftige Hypothese“ nennt. Er läßt deutlich durchblicken, daß ihm viele Folgerungen Darwin's zu allgemein gehalten, zu wenig den wirklichen Thatsachen entsprechend erscheinen. Er äußert, daß der britische Forscher jeder Einrede verschiedene an und für sich unangreifbare, allgemein gehaltene Antworten entgegenbringen werde. Wenn diese nun auch in manchen einzelnen Fällen begründet seien und in keinem Falle als absolut unpassend beseitigt oder widerlegt werden könnten, so fühle doch Jeder, daß die Sache im Ganzen genommen nach der Darwin'schen Theorie selbst sich ganz anders gestaltet haben möchte, als es in Wirklichkeit der Fall gewesen. Jener sei dadurch im Vortheil, daß er deshalb über gar keinen einzelnen Fall Rechenschaft zu geben brauche, weil nicht über jeden einzelnen Fall von ihm Rechenschaft verlangt werden könne. Bronn vermißt eine befriedigende Erklärung dafür, wie denn die wenigen oder nur die eine erschaffene Ur-Species gebildet sein können, da die Entwicklung von organischem Stoff aus anorganischem, die Entstehung und Weiterfortbildung organischer, belebter Zellen aus unorganischen Mischungen nichts weniger als bewiesen seien. Bronn fühlt jene Lücken klaffen, welche Häckel durch seine monophyletische Abstammungslehre, durch seine Moneren-Theorie und sein Protistenreich auszufüllen bemüht ist. Der ehrwürdige Forscher warnt dann schließlich vor unkritischem und leichtsinnigem Anschluß an Darwin's Lehren, deren Urheber er übrigens noch die Befriedigung wünscht, aus dem Widerstreite der Meinungen einen neuen Weg für die Naturforschung eröffnet zu sehen.

Der Botaniker A. Wigand glaubt, daß die gegen Darwin's Selectionstheorie im Laufe der Zeit von den verschiedensten Seiten her geltend gemachten Gründe eigentlich bereits zur Genüge bewiesen hätten, daß dieselbe unter jedem Gesichtspunkt, von welchem aus man sie nur scharf ins Auge faßen möge, unhaltbar sei. Es sei das nicht eine jener Annahmen, wie sie in der Naturwissenschaft zu allen Zeiten auftauchten, um letzteren als neues Baumaterial zu dienen oder wenn nicht, spurlos zu verschwinden, sondern es sei nur eine rein philosophische Speculation. Durch sie solle eine ganz neue Grundlage von der Natur und naturwissenschaftlichen Aufgabe, ein fremdartiges, an die Stelle der bisherigen Forschungsweise zu setzendes Verfahren eingeführt werden, welches, wenn es um sich griffe, die Naturwissenschaft vom rechten Wege abzuführen drohe. Der Verfasser ist nun bemüht, dem Darwinismus gründlich den Garaus zu machen und zwar an Hand einer Menge von einzelnen Vorkommnissen und Ausführungen. Derselbe hält an der Lehre von der Unveränderlichkeit der selbstständigen Art (S. 46) fest, er gestattet derselben nur innerhalb gewisser Grenzen die Variabilität. Der Kampf ums Dasein ist Wigand, „sofern jener für die Zuchtwahl neuer, systematischer Charaktere von Erfolg sein soll, überall an die Voraussetzung von einem Zusammentreffen unzähliger Umstände von immenser Unwahrscheinlichkeit gebunden". Haben sich nun auch einige Kritiker mit gewissen Ansichten und Angaben Wigand's einverstanden erklärt, so hat sein Buch im Ganzen doch heftige Gegenschriften hervorgerufen, unter denen die neuerschienene von G. Jäger wohl die „herbste" ist.

Der englische Anatom St. George Miwart wandte sich ebenfalls gegen den Darwinismus, indem er hauptsächlich auf die großen Schwierigkeiten hinwies, die sich der Aufhellung des Beginnes und nützlicher Eigenthümlichkeiten des Baues[1]) durch die natürliche Zuchtwahl entgegenstellten. Derselbe sucht vergeblich nach einer Erklärung der äußersten Vervollkommnung bei der oft so überraschenden Aehnlichkeit mancher Thiere mit Blättern, Reisern, Flechten, Blumen, dornigen Auswüchsen und anderen Gegenständen der Außenwelt (S. 65) durch die natürliche Zuchtwahl. Er sucht nachzuweisen, daß es nicht immer die unbedeutenderen und allmählichen[2]) Umänderungen seien, welche die Species nach Darwin durchmachen, sondern daß solche Umänderungen oftmals beträchtliche seien und selbst plötzlich auftreten. Er vermißt die recht feinen Uebergänge zwischen den Formen der Thiere. Die geographische Verbreitung der letzteren weise nach, daß an räumlich weit von einander liegenden Endpunkten ganz ähnliche Formen erscheinen könnten. In einem über Theologie und Entwicklung handelnden End-Kapitel beweist Miwart übrigens, daß der ihm von Häckel gemachte Vorwurf einer Hineigung zum Ultramontanismus keineswegs ungerechtfertigt ist.

Andere Einwürfe gegen Darwin's Selectionstheorie rühren von dem Zoologen J. J. Bianconi zu Bologna her. Derselbe hebt die Einheit des Baues der Gliedmaßen bei den Wirbelthieren hervor, welche er durch die mechanische Nothwendigkeit oder durch das mechanische Gesetz bedingt ansieht. Die Abweichungen von letzterem, welches über eine verständige Anwendung der Mittel zum Zweck verfügt, sind selten und da wo

---

[1]) Incipient stages of useful structures.

[2]) Minute and gradual modifications.

sie vorkommen, da erfordert auch ein anderer Zweck neue Mittel. Verfasser sucht dies durch Beispiele zu erhärten. Die Säugethiere besitzen Haare, die Vögel Federn, kein Mensch weiß bis jetzt, weshalb. Das sind nun abermals feststehende, ausschließlich zur Natur jener beiden Thierklassen gehörende Eigenthümlichkeiten, die man für abhängig von der gesammten Organisation derselben halten möchte. Die Annahme des Ueberganges eines Thieres in das andere hat zahlreiche Täuschungen im Gefolge. Zur Festigung jener Annahme nimmt man seine Zuflucht zu palaeontologischen Studien. Aber es bleiben trotzdem tiefe Klüfte zwischen Thier und Thier, welche keine Brücke überdeckt. Variationen, d. h. mehr oder minder scharfe Abweichungen innerhalb einer Art sind zulässig, die Abweichungen unter vorausgesetzter gleichzeitiger Verbesserung des Artvertreters aber sind beschränkt, es fehlt auch nicht an Abweichungen mit gleichzeitiger Verschlechterung u. s. w. Bianconi verwirft aus verschiedenen Gründen die Theorie der natürlichen Zuchtwahl.

Der durch seine erschöpfenden Arbeiten über die Natur der (fossilen) Trilobiten[1]) bekannte Palaeontologe J. Barrande weist auf den in den ältesten laurentischen Schichten Canada's, in Lagern von Serpentin-Kalk, vorkommenden Wurzelfüßer Eozoon canadense[2]) als einzigen Vertreter dieser Thiere hin. Der Selectionstheorie gemäß müßte nun das ganze Wurzelfüßerreich in den darauffolgenden Schichten an Formenzahl zunehmen. Die ihnen nicht fern

---

[1]) Vergl. Zittel: Aus der Urzeit S. 139 ff.

[2]) A. a. O. S. 89 ff.

stehenden Schwämme (Spongidae) dürften ihrer noch geringen Ausbildung wegen und in der Weiterentwicklung begriffen, erst in noch wenigen Formen vorhanden sein. Mit Vervollkommnung der Bildung müßte die Anzahl der Arten in den Schichten abnehmen. Barrande findet aber das Gegentheil, er findet vielmehr die schon sehr hoch organisirten Trilobiten neben anderen Krebsthieren und neben Weichthieren in den silurischen Schichten in großer Artenzahl, vermißt dagegen die Wurzelfüßer durchaus.

Der hervorragendste Gegner des Darwinismus ist nun der einen sehr berühmten Namen tragende Zoologe und Geologe Louis Agassiz. Derselbe hält an der Wirksamkeit einer geistigen Macht fest, welche sich uns in der Schöpfung offenbart, aber die mit unserem Geiste verwandt ist. Er kämpft für die Unveränderlichkeit aller wesentlichen Merkmale der Art, deren jede einzeln für sich von Gott geschaffen sein soll. Nach dieses Forschers Ansicht treten in den weiteren wie engeren Gruppen im ganzen Thierreiche verschiedene Grade in der Vervollkommnung des anatomischen Baues hervor. Man wird z. B. eine Stufenfolge zwischen dem einfachen Wurme, dem vollkommeneren Krebse und dem noch höher organisirten Insect wahrnehmen. Die Wirbelthiere, d. h. Fische, Amphibien, Vögel und Säugethiere können nach ihrem besonderen anatomischen Bau, der einfach bis vollkommen ist, in verschiedene Gruppen aufgelöst werden. Die Klassen innerhalb eines Typus, die Ordnungen innerhalb jeder Klasse, die Familien innerhalb jeder Ordnung, die Gattungen innerhalb jeder Familie und die Arten innerhalb jeder Gattung zeigen eine mehr oder weniger deutliche Stufenfolge in ihrem Baue. Wenn nun auch niedere Formen den höheren vorausgingen, wenn auch die Entwicklung des Embryo denselben Fortschritt von der einfacheren zur zusammengesetzten Organisation verfolgt, so ist es dennoch im Einzelnen nicht wahr, daß alle früheren Thiere unvollkommener organisirt gewesen sein sollen, als die späteren. Im Gegentheil erscheinen einige niedere Thiere unter höher organisirten Formen als sie seitdem je sich gezeigt haben. Dieselben sind alsdann wieder verkümmert. Die vollkommen organisirten Typen erscheinen häufig zuerst, die einfachen später, wie hunderte von Beispielen beweisen. Jene Darstellung der palaeontologischen Thatsachen, welche das ganze Thierreich in einer ununterbrochenen Aufeinanderfolge, beginnend mit den unvollkommensten und endend mit den höchstorganisirten Thieren erscheinen läßt, ist eine Fälschung der Natur. Es gibt keine unvermeidliche Wiederholung, keine mechanische Entwicklung in der geologischen Aufeinanderfolge des organischen Lebens. Eine ununterbrochene Entwicklung der Typen findet nicht statt.

Ueber Wahrheit und Irrthum im Darwinismus schrieb der Philosoph E. von Hartmann. Er tadelt die genealogischen Stammbäume (S. 60, 87) als ungewiß und schwankend, je nachdem der genealogische Zusammenhang auf diese Aehnlichkeit gestützt und jene vernachlässigt werde oder umgekehrt. Ein solcher Stammbaum könne seiner Natur nach die ideellen Verwandtschaftsbeziehungen des natürlichen Systemes nicht erschöpfen, weil letztere weit reicher, vielseitiger und verschlungener seien, als die nothwendig auf geradlinige einfache Zusammenhänge beschränkte genealogische Verwandtschaft. Es gebe jetzt für uns keine Wahl, die Descendenztheorie abzulehnen oder anzunehmen, wir müßten sie annehmen, weil wir das Schöpfungswunder in seiner rohen Gestalt (Kneten aus Lehm, Einblasen des Athems u. s. w.) nicht mehr festhalten könnten. Im Naturprocesse müßten auch die neuauftretenden Arten, soweit sie über die primitiven Anfänge der aus der Urzeugung entsprungenen Organisation hinausgelegen, von Eltern gezeugt worden sein, die freilich von ihnen verschieden sein müßten (gleichviel in welchem Grade). Die natürliche Zuchtwahl wird in ihren drei Factoren, nämlich im Kampfe ums Dasein, in der Variabilität und in der Vererbung von Hartmann einer genau analysirenden Betrachtung unterzogen und die Behauptung aufgestellt, daß eine den Typus umändernde Zuchtwahl nur da anzunehmen sei, wo jeder der drei genannten Factoren in der ganz bestimmten, für den Proceß erforderlichen Art und Weise wirksam sich nachweisen lasse. Der Gedankengang, welcher Darwin und seine Anhänger in ihren Ideen über unsere Lehre beherrscht hat, wird vom Verfasser der „Philosophie des Unbewußten" einer sorgfältigen, das Für und Wider unpartheiisch abwägenden Kritik gewürdigt. Es ist mir unmöglich, die an so vielen schönen und gesunden Ideen reiche Arbeit Hartmann's hier genauer zu zergliedern, ich will jedoch hauptsächlich noch eine Seite derselben hervorheben, welche mir für unsere Betrachtungen über den Darwinismus von Wichtigkeit zu sein scheint, ich meine die über die Teleologie beliebten Anschauungen. Teleologie bedeutet soviel, daß Alles in der Natur auf Zweckmäßigkeitsgründen beruhe. In die teleologische Anschauungsweise spielen die Ansichten von einer das Zweckmäßige mit Weisheit ordnenden Thätigkeit des Schöpfers hinein. Jene hatte, trotz Kant's Kritik, bis vor wenigen Jahrzehnten eine große Macht in der Naturgeschichte. Es geschahen in ihrem Sinne gar crasse Ausschreitungen, zumal der Pietismus, die Bigotterie sich ihrer bemächtigt hatten. Dann entwickelte sich eine Reaktion gegen die Teleologie. Sie ward dadurch in vernünftigere, eingeschränktere Bahnen gedrängt. So verhielt es sich bereits, als Bergmann und Leuckart ihre mit Recht vielgepriesene „anatomisch-physiologische Uebersicht des Thierreiches"[1]) schrieben. Da heißt es u. A.: „Wir nehmen also an, daß innerhalb der Pflanzen die Verwandtschaften des Kohlenstoffes, Sauerstoffes und Stickstoffes, durch welche dieselben zu organischen Verbindungen zusammentreten, Gelegenheit finden, sich zu äußern, und daß die organische Materie den regelmäßigen Kreis ihrer Umsetzungen in den pflanzlichen und thierischen Körpern überall durchläuft, weil ihr nach einander Bedingungen dargeboten werden, unter welchen sie ihrer chemischen Natur nach nicht umhin kann, sich in der Art weiter zu combiniren oder zu zersetzen, welche zugleich von dem Lebensplane des Organismus, in welchem sie sich befindet, gefordert wird, für diesen zweckmäßig ist u. s. w." Es gab nun damals hervorragende Männer, welche das Nützlichkeitsprincip selbst in der von Bergmann und Leuckart dargebotenen, uns doch so vieles Wahre lehrenden Form schroff ablehnten. Jetzt ist man darin wieder mehr zu Zugeständ-

[1]) Stuttgart 1855.

nissen geneigt. Ein Nützlichkeitsprincip, sobald es sich innerhalb der vom logischen Denken gezogenen Schranken bewegt, ist ja der Selectionslehre geradezu unentbehrlich.

E. v. Hartmann ist von der Verschmelzung der Kausalität, d. h. der Wirksamkeit der Ursachen und der Teleologie in den mechanischen Naturgesetzen durchdrungen. Wenn von einem Mechanismus die Rede sein solle, so müsse die Teleologie in diesem bereits mit eingeschlossen sein. Wie es aber zu einem solchen teleologischen Mechanismus komme, oder warum die Kausalität sich nach solchen Gesetzen vollziehe, daß ein wirklicher, d. h. teleologischer Mechanismus dabei herauskomme, bleibe noch unklar. Es gäbe da nur zwei Auswege: entweder das Wunder einer vorausgesetzten Harmonie oder den Rückgang auf höheres einheitliches Princip, von welchem Kausalität und Teleologie nur verschiedene Seiten bildeten. Hartmann gibt uns eine geistreiche Auseinandersetzung über die Grundlagen beider Principe und ihrer Einheit. Teleologie und Mechanismus in der Natur verhielten sich genau wie die Begriffe Zweck und Mittel. Jedes sei ohne das andere unmöglich. Der Vorrang gebührt aber der Teleologie, denn das Mittel sei des Zweckes wegen da. Die Kritik des Darwinismus habe uns gezeigt, daß bis jetzt nirgends organische Zweckmäßigkeit als ausschließliches Resultat derselben von rein mechanischen Processen nachgewiesen werden könne, da der einzige als rein mechanisch zu betrachtende Faktor, die Auslese im Kampf ums Dasein, für sich allein keine zweckmäßigen Wirkungen erzielen könne, sondern erst dann, wenn er durch zwei andere Faktoren zur natürlichen Zuchtwahl vervollständigt werde, welche nicht mehr als mechanisch zu bezeichnen seien, sondern wesentlich Ausflüsse des gesetzmäßigen organischen Bildungstriebes darstellten. Weiter bemerkt unser Verfasser: Die natürliche Zuchtwahl, selbst wenn sie ein rein mechanisches Princip in Darwin's Sinne wäre, könne doch höchstens die physiologische Anpassungsvollkommenheit eines einmal gegebenen Organisationstypus, niemals die Steigerung der Organisationshöhe erklären; aber gerade die letztere sei es erst, welche man unter der aufsteigenden Entwicklung der Organisation verstehe. Diesem Satze gegenüber wird der entschiedene Darwinist freilich in dem schon gewonnenen Beobachtungsmaterial Stoff zur Anfechtung finden können. Ich citire noch den Schlußsatz der Hartmann'schen Arbeit: Die aufsteigende Entwicklung der Organisation liege entschieden außerhalb des Bereiches mechanischer Erklärungsprincipien durch äußerliche Anpassung u. dgl., und könne die innere teleologische Auffassung der Entwicklung niemals durch mechanische Entwicklungsbehelfe verdrängt oder auch nur beeinträchtigt werden. Uebrigens verschwinde auch jede tiefere philosophische Bedeutung, die ein solcher Versuch zu besitzen scheine, durch die oben begründete Einsicht in die untrennbare Einheit von mechanischer Kausalität und Teleologie in dem höheren Principe der logischen Nothwendigkeit, das alle unorganische und organische Gesetzmäßigkeit sowohl nach causaler wie nach teleologischer Hinsicht durchdringt und unter sich begreift. Der aufmerksame Leser wird aus diesem Satze und aus dem früher wie nachfolgend von mir Mitgetheilten wohl erkennen, welcher Gruppe E. v. Hartmann unter Denen sich zugesellt, welche überhaupt zum Darwinismus Stellung genommen haben.

Die Schriften anderer Philosophen für und wider Darwin übergehe ich hier; sie entfernen sich, ausgenommen F. A. Lange und J. B. Meyer, zu sehr von der Sache, bringen auch zum Theil nur leeren Wortschwulst in den Kauf. Ebenso die Artikel der Gottesgelahrten. Mit wenigen Ausnahmen, wie vor Allen F. D. Strauß, nehmen letztere nur den Standpunkt mittelalterlicher scholastischer Disputationssucht und rechtgläubiger Unduldsamkeit ein.

Zu denjenigen Forschern nun, welche Darwin's Lehren entweder gänzlich oder doch theilweise verwarfen, dafür aber andere aufzustellen sich bemüheten, gehört zunächst A. Kölliker, hervorragender Anatom in Würzburg. Derselbe hat den Ausspruch gethan, daß die Entwicklung der organischen Wesen (selbst der gesammten Natur) auf Gesetzen beruhe, welche jene Wesen in ganz bestimmter Weise zu immer höherer Entwicklung trieben. Allen Organismen wohne die Fähigkeit inne, aus uns unbekannten Gründen auf völlig gesetzmäßige Weise sich umzuändern. Diese Umänderungen fänden statt durch allmähliche Abänderung schon vorhandener und durch Erzeugung neuer Organe. Wichtigere Umänderungen und gänzliche Neubildung von Organen aber fielen in die Zeit frühester Keim- oder Embryonalentwicklung. Bildeten sich nun wirklich Organismen in Organismen um, so könne dies nur in folgender Weise geschehen: 1) Größere, mit Anbildung neuer Organe verbunden gewesene Umgestaltungen könnten entweder nur stattgefunden haben bei den Eiern, Keimen und Knospen aller Thiere, oder bei solchen niederen Thieren, die den frühesten embryonalen Stufen der höheren Organismen entsprächen, endlich auch bei den ersten embryonalen Stadien der höheren Thiere oder den Larven der eine Metamorphose zeigenden Thiere (Schmetterlinge, Käfer, nackte Amphibien u. s. w). 2) Einfachere Umbildungen, insoweit sie vorzüglich auf Wachsthumserscheinungen oder Gestaltungen der Elementarformen begrenzt seien, ließen sich auch bei ausgebildeten oder ganz erwachsenen Geschöpfen höherer Ordnungen annehmen. Dieselben könnten um so mehr auch bei allein niederen Thierformen Platz gegriffen haben. Kölliker glaubt an die Möglichkeit einer unvermittelten sprungweisen Umbildung der Organismen in der Art, daß zwischen den in ihrer Entwicklung zusammenhängenden Formen entweder gar keine directen Uebergänge fertiger Formen ineinander stattfänden, oder daß dieselben wenigstens sehr rasch durchlaufen würden. Wie sei nun eine derartige Umbildung zu denken? Entweder könnten die Eier oder die Keimzellen aus einer bestimmten Form durch innere Ursachen zum Uebergang in neue Formen getrieben werden. Ferner könnten auch neue Formen durch innere Keime oder äußere Knospen erzeugt werden. Selbst frei lebende Jugendformen von Thieren könnten die Fähigkeit besitzen, eine andere Entwicklung als die typische einzuschlagen, wie es in der Metamorphose vorkomme. Endlich könnten fertige Geschöpfe schnell in andere umgebildet werden, wie z. B. der mexicanische Kiemenmolch Axolotl in die andere mehr einem Erdmolch gleichende Form Amblystoma u. s. w. Auch sei eine langsame Umbildung geringeren Grades wohl annehmbar. Wir müssen es uns leider versagen, hier die von Kölliker vorgebrachten Ausführungen und Belege weiter zu berücksichtigen, durch welche er seine Theorie zu stützen sucht. Er nannte dieselbe früher diejenige der heterogenen Zeugung, will sie aber jetzt lieber die Theorie der Entwicklung aus inneren Ursachen benannt wissen.

W. Spengel hebt mit Recht hervor, daß Kölliker's scheinbar so unwesentlicher Schlußsatz: daß bei unmittelbarer Umbildung der Organismen ineinander Uebergänge der fertigen Formen ineinander sehr rasch durchlaufen würden (s. oben), eine Aufhebung der ganzen Theorie zu enthalten scheine.

O. Heer, gründlicher Kenner der Schweizer Urwelt, spricht gegen die Annahme einer ganz allmählichen und unmerklichen, immer unaufhaltsam fortgehenden Umwandlung der Arten im Sinne der Darwinianer. Soweit die menschliche Geschichte reiche, sei keine einzige neue Art entstanden. Die in eine viel frühere Zeit zurückreichende Schieferkohle (im Canton Zürich), weise uns die jetzige Flora auf, die Pflanzen der Alpen stimmten zum Theil mit denen des hohen Nordens überein und seien alle wahrscheinlich von einem gemeinsamen Bildungsherde ausgegangen. Sie seien daher schon in der diluvialen Zeit genau in denselben Formen ausgeprägt gewesen, die sie uns jetzt in unseren Hochgebirgen und in der fernen Polarzone zeigten. Seit der diluvialen Zeit seien keine neuen Arten mehr entstanden. Freilich seien einzelne Arten erloschen, es seien in der Mischung der Arten große Veränderungen vor sich gegangen, ohne Zweifel in Folge von Anpassungen an Klima und Oertlichkeiten seien unzählige Varietäten entstanden, welche sich fruchtbar untereinander mischten. Aber soweit unser Wissen reiche, seien keine neuen Typen gebildet worden. Da mit der Tertiärperiode sich ein Zeitalter abschließe, welches im großen Ganzen genommen andere Pflanzen- und Thier a r t e n besessen habe, so müsse die größeste Umbildung an den Schluß der pliocänen oder den Anfang der diluvialen Zeit verlegt werden und es habe nicht ein allmähliches Verschmelzen der früheren Arten mit den jetzigen stattgefunden, sondern ein sprungweiser Uebergang zu denselben. Dasselbe gewahrten wir auch bei den Pflanzen und Thieren der älteren Perioden; dieselben Arten gingen durch mächtige Gebirgsformationen hindurch und zeigten oft in allen Welttheilen genau dieselben Merkmale, untersuchten wir die unmittelbar darauf folgende, aber einem neuen Zeitalter angehörende Formation, so könne sie wohl noch einzelne gemeinsame Arten enthalten, daneben aber auch Arten, die man auf den ersten Blick schon als verschieden erkenne und die uns ein neues Gepräge zeigten. Ueberhaupt sähen wir, daß in den Grenzschichten der verschiedenen Perioden wohl gemeinsame Arten gefunden würden, aber keine Formen, welche ein solches unmerkliches Verfließen der Arten anzeigten; es lägen die neu ausgeprägten Arten fertig neben den alten, wie neugeprägte Münzen neben verschliffenen alten. Es habe in relativ kurzer Zeit eine U m p r ä g u n g der F o r m e n stattgefunden und bleibe die neuausgeprägte Art während Jahrtausenden unverändert. Die Zeit des Verharrens der Arten in bestimmter Form müsse viel länger sein als die Zeit der Ausprägung derselben. Heer hat nun für diesen Vorgang den Ausdruck „U m p r ä g u n g der Arten" gewählt, welcher einen ganz anderen Sinn hat als die Transmutation oder Verwandlung Darwin's und nach der Idee des Schweizer Professors nicht nöthigt, entgegen den Ergebnissen der Wissenschaft ein unmerkliches Verschmelzen der Arten anzunehmen und von dem Vorrecht der Geologen, welche tausende und zehntausende von Jahrmillionen zur Verfügung zu haben behaupteten, einen gar zu maßlosen Gebrauch zu machen. Heer läßt uns übrigens über die Grundbedingungen der Umprägung der Arten im Dunklen, wie mir denn überhaupt seine ganze Theorie recht unklar vorkommt.

M. Wagner in München stellte das Gesetz der Migration der Organismen auf. Es ist dies das fortdauernde Streben einzelner Individuen, sich vom Verbreitungsgebiet der Stammart zu entfernen, um durch Kolonienbildung für sich und ihre Nachkommen bessere Lebensbedingungen zu finden. Es liegt nach Wagner's Meinung in diesem Gesetz die nothwendige Bedingung der natürlichen Zuchtwahl. Je größer die Summe der Veränderungen in den bisherigen Lebensbedingungen ist, welche auswandernde Individuen bei Einwanderung in einem neuen Gebiete finden, desto intensiver muß die jedem Organismus innewohnende individuelle Variabilität sich äußern. Je weniger nun diese gesteigerte individuelle Veränderlichkeit der Organismen im ruhigen Fortbildungsproceß durch die Vermischung zahlreicher nachrückender Einwanderer der gleichen Art gestört wird, desto häufiger wird der Natur durch Summirung und Vererbung der neuen Merkmale die Bildung einer neuen Varietät (Abart oder Rasse), d. h. einer beginnenden Art gelingen. Je vortheilhafter aber für die Abart die in den einzelnen Organen erlittenen Veränderungen sind, je besser letztere den umgebenden Verhältnissen sich anpassen und je länger die ungestörte Züchtung einer beginnenden Varietät von Colonisten in einem neuen Gebiete ohne Mischung mit nachrückenden Einwanderern fortdauert, desto häufiger wird aus der Abart eine neue Art entstehen. Die räumliche Isolirung, Abgrenzung der Form, eine nothwendige Folge der Migration, ist die Ursache ihrer typischen Verschiedenheit — so formulirt Wagner einen Ausspruch A. v. Humboldt's zu Gunsten seines Migrationsgesetzes.

Letzteres hat nun in A. Weismann einen entschiedenen Gegner gefunden. Wagner's Ausspruch: Die Bildung einer Abart könne nur dann zu Stande kommen, wenn die stete Kreuzung mit einer Ueberzahl von Individuen der Stammart verhindert werde, ist von Weismann mit einer gewissen kleinen Veränderung des Grundgedankens für richtig anerkannt worden. Eine vollständige Abschließung gegen die Stammart durch isolirende Wanderung wird verneint. Wenn z. B. ein einziges Paar einer geschlechtlich sich fortpflanzenden Thierart isolirt auf einer Insel lebe, von denen ein Individuum eine ungewöhnliche, ihm allein anhaftende Eigenthümlichkeit besitze, so werde sich dieselbe zwar wahrscheinlich auf einige seiner Nachkommen, gewiß aber nicht auf alle vererben. Die übrigen würden der Stammart gleichen und eine Kreuzung der abgeänderten Nachkommen mit nicht abgeänderten, d. h. eine Kreuzung der beginnenden Varietät mit der Stammart sei unvermeidlich. In solchem Falle müsse man mit Wagner annehmen, daß alsdann keine neue Art zu Stande komme, vorausgesetzt, daß beide Formen der Art, sowohl die abgeänderte als die ursprüngliche gleich günstig ausgestattet wäre für die neuen Lebensbedingungen. Es wären dann zwei Fälle denkbar; einmal könnten beiderlei Individuen in beinahe gleichem Verhältniß neben einander leben oder aber ihre Charactere würden sich vermischen und es komme schließlich zur Entstehung einer Thierform, die sich von der Stammart durch ein unbedeutendes Merkmal unterscheide. Eine Weiterentwicklung dieses Merkmals, eine Häufung oder Steigerung desselben, mithin die Bildung einer neuen Rasse und Art könne nur dann geschehen, wenn die betreffende individuelle Eigenheit seinem Träger einen Vortheil im Kampfe ums Dasein gewähre, dessen die anderen Individuen entbehrten. Sobald dies der Fall sei, würden die Träger der nützlichen Abänderung an Zahl relativ und absolut zunehmen, die anderen Individuen abnehmen müssen und die nützlichen Charaktere würden sich häufen können, weil die Kreuzung mit nicht abgeänderten Individuen in dem Maaße seltener werde, als diese selbst an Zahl abnähmen. Es werde demnach in diesem Falle durch die natürliche Züchtung, keineswegs aber durch die Isolirung, die Kreuzung mit einer Ueberzahl von Individuen der Stammart verhindert. Offenbar arbeite die Isolirung der natürlichen Züchtung in die Hände und zwar um so mehr, je vollständiger sie sei und je geringer die Anzahl der Auswanderer sich herausstelle, welche die neue Ansiedlung ursprünglich zusammensetzten u. s. w. Nach den Erfahrungen Weismann's kann eine Art auch neue Rassen an ein und demselben Wohnbezirk bilden, ohne zu wandern. Ferner läßt sich nach den Wahrnehmungen dieses

Untersuchers nachweisen, daß Wanderung, auch wenn sie eine vollständige Isolirung der Kolonie mit sich bringt, nicht ausreicht, um eine Art zum Abändern zu zwingen u. s. f.

Wagner hat nun Weismann's Einwürfe gegen sein Migrationsgesetz zu widerlegen gesucht und dies letztere zu der von ihm sogenannten Separationstheorie weiter ausgebaut. Häckel hatte aber bereits darauf hingewiesen, daß bei vielen niederen Organismen ungeschlechtliche Fortpflanzung (S. 1 ff.) herrsche, daher dürfe das Migrationsgesetz, welches die Verhinderung von Kreuzungen obenan stelle, nur auf geschlechtlich sich fortpflanzende Arten Anwendung finden. Wagner läßt daher obiges Gesetz zur Zeit auch nur für die höheren Organismen mit getrennten Geschlechtern in Wirksamkeit treten. Er spitzt seine Separationstheorie in dem Satze zu: daß die Isolirung eines Individuums oder Paares bei allen Organismen, welche durch Kreuzung sich fortpflanzten, die nothwendige Bedingung, also die nächste Ursache sei, daß eine neue typische Form entstehe. Auch gegen diese Gestaltung des ursprünglichen Migrationsgesetzes wendet sich Weismann mit uns zum Theil schon bekanntgewordenen Gründen. Es gebe Vorkommnisse, welche ohne Beihülfe räumlicher Isolirung im Stande seien, eine neue Form zur herrschenden zu machen. Hätte sich Wagner auf die Behauptung beschränkt, daß räumliche Absonderung den Vorgang der natürlichen Zuchtwahl wesentlich fördere und dadurch also die Entstehung neuer Arten begünstige, so würde er wahrscheinlich wenig oder gar keinen Widerspruch gefunden haben. Weismann bestreitet aber trotzdem eine wesentliche Begünstigung der natürlichen Zuchtwahl durch lokale Isolirung. Nicht einmal zur Varietätenbildung brauche jener Vorgang der Absonderung nothwendig zu führen. Die Art und Weise nun, wie räumliche Isolirung die Entstehung neuer Arten beeinflussen könne, stellt Weismann sich übrigens folgendermaßen vor: Die Absonderung wirke einmal durch Amixie oder Kreuzungsverhinderung, indem sie die Kreuzung der abgesonderten Einzelwesen mit denen des Stammgebietes hindere. Daraus allein werde nur in dem einem Falle ein Anlaß zur Abänderung, wenn die betreffende Art in der Periode der Variabilität auf isolirtes Gebiet gerathe. Die Abänderungen, welche unmittelbar daraus hervorgingen, könnten niemals größer sein als die Unterschiede zwischen den am meisten von einander abweichenden Abänderungen der Stammart. Nur solche, die organischen Formen betreffenden Charaktere, welche in irgend einer Weise von Bedeutung für die Existenzfähigkeit der Art seien, indem sie dieselbe erhöheten oder herabsetzten, könnten die Einmischung der natürlichen Zuchtwahl hervorrufen. Diesem mächtigen Vorgange gegenüber verschwinde aber die schwächere Thätigkeit der Amixie. Entweder nämlich erhebe natürliche Züchtung ein und denselben neuen Charakter auf allen Wohngebieten zum herrschenden — dieses in dem Falle, wenn alle Wohngebiete die gleichen Lebensbedingungen darbieten — oder sie begünstige hier diesen, dort jenen Charakter, wenn die Lebensbedingungen auf den Wohngebieten verschieden seien. Ferner könne räumliche Isolirung durch Versetzung in beinahe immer veränderte Lebensbedingungen die Thätigkeit der natürlichen Züchtung anregen, welcher Fall allerdings vorwiegend nur auf allgemein isolirende Gebiete sich beziehe.

Im Ganzen Vertreter des Darwinismus, stellte Nägeli seine Vervollkommnungstheorie auf. Ihr zufolge sind die individuellen Veränderungen nicht unbestimmter Natur, nicht nach allen Seiten gleichmäßig, sondern sie streben vorzugsweise und mit bestimmter Orientirung nach einer vollkommneren Organisation. Die Abänderungen entstehen zwar ohne übernatürliche Einwirkung, folgen aber doch einem bestimmten Entwicklungsplane, einer dem Organismus innewohnenden Neigung sich zu vervollkommnen. Neben der natürlichen Züchtung, welche gewissermaßen verbessert eingreife und die Ausbildung der physiologischen Eigenthümlichkeiten erkläre, müsse man das Vorhandensein eines die Gestaltung der Form-Charaktere beherrschenden Vervollkommnungsprincipes anerkennen.

In ähnlicher Weise sprach sich übrigens auch A. Braun aus, welcher eine aus innerem Grunde fließende Entwicklung verlangte (S. 89). Askenasy stellt die Theorie der bestimmt gerichteten Variation auf. Gebe es z. B. Wesen von so einfachem Bau, daß sie weder dem Pflanzen- noch dem Thierreiche beizuzählen seien, sondern als der gemeinsame Ausgangspunkt beider betrachtet werden könnten[1]), so bildeten sich diese Organismen zu Pflanzen oder Thieren um, indem die Abänderungen, denen sie im Laufe der Zeit unterlägen, in ihrer Aufeinanderfolge aus dem früheren einfachen Mittel-

[1]) Vergl. das S. 86 über Häckel's Protisten Gesagte.

wesen ein Thier oder eine Pflanze machten. Sie bewirkten dies dadurch, daß sie sich in einer bestimmten Ordnung aneinandereiheten, und so dem Organismus eine größere Zusammengesetztheit des Baues ertheilten, die aber nach zwei wesentlich abweichenden Richtungen sich geltend machten.

Ueber die von Nägeli, Braun und Askenasy aufgestellten Lehren urtheilt der dieselben ausführlich durchgehende Wiener Zoologe Claus als über Phrasen, deren Aufnahme mit der Vorstellung verknüpft sei, es sei mit denselben etwas einer Erklärung Aehnliches gewonnen. In der That seien aber die von jenen Forschern gebrauchten Phrasen: Vervollkommnungstheorie, bestimmt gerichtete Variation und Entwicklung aus inneren Ursachen nichts anderes als die Uebertragung der in früherer Zeit so üblichen und mißbrauchten Phrase des Bildungstriebes oder Nisus formativus von der individuellen Entwicklungsgeschichte auf die Phylogenie (S. 83).

III.

Einiges über die Herkunft unserer Säugethierwelt im Allgemeinen.

Nochmals die Urzeugung! Von Neuem wieder bemüht man sich die Möglichkeit derselben zu beweisen. Seit Charlton Bastian in seinen „Beginnings of life“ die Frage von der Abiogenesis — mit diesem eine Entstehung ohne Keim bezeichnenden Namen belegt man mit Vorliebe die Urzeugung — auf dem Wege des Experimentes wieder angeregt, ist das Interesse für jene vermeintliche Zeugungsweise lebhaft gewachsen. D. Huizinga machte sich Mischungen von chemisch reinen Stoffen, wie Peptone, Glucose und Stärke zurecht, setzte wässerige Lösungen mineralischer Salze oder organische Substanzen, z. B. Käse und Abkochung von Rüben hinzu, kochte das Gemengsel in wohl verschlossenen Kölbchen und brachte diese in einen jener Oefen, wie man sich ihrer in anatomischen und physiologischen Arbeitsräumen zur künstlichen Ausbrütung von Hühnereiern bedient. Nach drei Tagen war die Mischung ganz voller Bacterien, d. h. voll pflanzlicher, wohl den Hefepilzen und der Schimmelvegetation verwandter Organismen, wie sie sich so zahlreich und schnell in faulenden Körpern und in manchen krankhaften thierischen

Theilen entwickeln. Hatte Huizinga einzelne Lösungen für sich gekocht, ehe er sie dem Gemengsel zugesetzt, so unterblieb die Bacterienbildung. Unser Gewährsmann schloß aus seinen Experimenten, daß unter den bei denselben stattfindenden Bedingungen Organismen ohne directe Mitwirkung vorher existirender Organismen entstehen könnten. Gegen die Beweiskräftigkeit dieser Arbeiten sprachen sich, nachdem bereits schon früher Crace-Calvert gegen Chr. Bastian aufgetreten war, ebenfalls nach Anstellung von Versuchen, Burdon Sanderson, Samuelson, Gscheidlen, Putzeys u. A. aus. Huizinga suchte sich zu rechtfertigen — trotzalledem ist die Abiogenesis-Frage auch jetzt über den von mir S. 18 angedeuteten Standpunkt nicht hinausgelangt, d. h. sie ist dermalen noch unentschieden geblieben.

Es ist nun vom Standpunkte des logischen Denkens aus vollkommen zu rechtfertigen, wenn Häckel und seine Anhänger im Sinne des (S. 77 ff.) charakterisirten Entwicklungssystemes die autogone oder durch Urzeugung stattfindende Entstehung der Thier- wie Pflanzenwelt befürworten. Jene Forscher bedürfen, wollen sie eine unserem Naturerkennen gezogene Grenze nicht als bestehend ansehen, aus speculativen Gründen der Annahme einer Urzeugung, einer Abiogenesis. Nur an Hand dieser Theorie vermögen sie sich die Phylogenie der organischen Wesen aufzubauen.

Wir hatten früher (S. 32) Dasjenige, was zu einem Thiereie gehört, genauer dargestellt. Soll sich nun nach stattgehabter Furchung das Ei weiter zum Einzelwesen entwickeln, so muß es nach Ansicht gewisser Darwinisten auf Grund ihrer Annahme einer monistischen Anschauung (S. 75) ganz in der phylogenetischen Weise sich ausbilden, wie ein Artindividuum aus der Urform entsteht. Letztere hat nun Häckel zu finden gesucht. Seit Bär weiß man, daß jedes Ei, welches sich weiterentwickelt, in sogenannte Keimblätter sich spaltet, deren jedes die Grundlage für die späteren Systeme der Körperorgane bildet. Häckel nennt das nur mit Bildungsdotter versehene, daher gänzlich gefurchte Ei wegen seiner maulbeerförmigen Gestalt eine Morula. Aus letzterer geht bei den Schwämmen, Polypen, Würmern und bei anderen niederen Thieren der verschiedensten Klassen unmittelbar ein sehr einfacher, aber vollständiger Thierkörper hervor, welcher eine hohle Blase mit einer Oeffnung und mit einer doppelschichtigen Wand darstellt. Diese Entwicklungsform, welche Häckel für den wichtigsten Entwicklungszustand im ganzen Thierreiche hält, nennt er eine Darmlarve oder Gastrula. Sie ist bald kugelig, bald eifönnig oder länglich-rund, dem bloßen Auge eben noch sichtbar. Ihre einfache innere Höhlung ist die erste Anlage des Magens oder Darmes des entstehenden Thieres, dessen Urdarm. Ihre Oeffnung ist der Urmund des letzteren. Die Wand der Gastrula besteht bloß aus zwei einfachen Zellschichten; die innere derselben entspricht dem sogenannten inneren oder vegetativen Keimblatte, dem Entoderm der höheren Thiere; die äußere Zellschicht hingegen dem äußeren oder animalen Keimblatte, dem Exoderm des letzteren. Nur den niedersten Thieren, den Urthieren oder Protozoen fehlen diese beiden urthümlichen Keimblätter gänzlich. Sie haben überhaupt noch keine der letzteren und keinen wahren

Darm. Bei allen übrigen Thieren, die Häckel deshalb als Darmthiere oder Metazoen zusammenfaßt, bilden jene beiden Keimblätter die Grundlage des Körpers. Die niedersten bekannten Darmthiere, nämlich die unteren Pflanzenthiere (Schwämme), einfachsten Polypen u. s. w. bleiben zeitlebens auf dieser einfachsten Bildungsstufe stehen; ihr ganzer Körper ist nur aus zwei Zellschichten oder Blättern zusammengesetzt. Aus dieser Thatsache soll sich ergeben, daß der Mensch und überhaupt jedes Wirbelthier, rasch vorübergehend ein zweiblättriges Bildungsstadium durchlaufen, welches bei jenen niedersten Pflanzenthieren zeitlebens erhalten bleibe. Wenn man hier wieder das biogenetische Grundgesetz (S. oben) anwende, so gelange man zu dem hochwichtigen Schlusse: der Mensch und alle anderen Thiere, welche in ihrer ersten individuellen Entwicklungsperiode eine zweiblätterige Bildungsstufe durchlaufen, müssen von einer uralten einfachen Stammform abstammen, deren ganzer Körper zeitlebens (wie bei jenen Polypen u. s. w.) nur aus zwei verschiedenen Zellschichten oder Keimblättern bestanden habe. Häckel nennt diese uralte Stammform vorläufig Gastraea oder Urdarmthier. Die Gastraea soll schon während der laurentischen Periode gelebt und sich wahrscheinlich bereits geschlechtlich, nicht bloß ungeschlechtlich fortgepflanzt haben. Die Richtigkeit der ganzen „Gastraea-Theorie" begründet Häckel nun auf der Homologie, d. h. auf der gleichen Bedeutung beider Keimblätter bei allen Darmthieren und sucht diese Homologie näher festzustellen.

Gegen die Gastraea-Theorie ist zunächst Claus aufgetreten. Er nimmt die Bezeichnung Gastrula auf und setzt auseinander, daß es zwei Formen derselben gebe, nämlich eine durch die Planula (S. 12) der Kalkschwämme vertretene, aus zwei Zellenlagen bestehende und weit häufiger noch eine von einschichtiger Zellenmasse gebildete, einen mit Flüssigkeit gefüllten centralen Raum einschließende Hohlkugelform. Diese einschichtige Keimblase oder Blastosphaera tritt oft als flimmernde Larve auf. Aus ihr bildet sich die Gastrula entweder durch Einstülpung, d. h. Einsenkung eines Theiles der Zellwand, durch Spaltung derselben in zwei Schichten mit nachfolgendem Durchbruch des Centralraumes oder durch Ueberwachsung des Nahrungsdotters mit Bildungsdotterzellen mit nachfolgender Einwachsung von der Mundöffnung aus. Es sei nun dem Ermessen der Einzelnen überlassen, in solchen verschiedenen Bildungsformen der Gastrula eine ursprüngliche Verschiedenheit anzunehmen oder aber, mit Häckel die gleiche Bedeutung der beiden Keimblätter voraussetzend, eine einzige Gastraea als Urform aufzustellen, welche dann wieder erst aus der Blastosphaera entstanden sein müsse.

Auch Salensky (Kasan) erweist sich als Gegner der Gastraea-Theorie. Die Gastrula soll seinen Beobachtungen nach ein beschränkteres Vorkommen haben. In nicht wenigen Fällen soll auch der Darm erst in einem Entwicklungszustande auftreten, in welchem bereits mehrere Keimblätter vorhanden sind, in welchem der Keim schon die für seinen Typus charakteristischen Organe oder Anlagen für dieselben besitzt. Manche Thiere, Bandwürmer (gewisse Strudelwürmer) hätten überdies gar keinen Darm. Man stelle unrichtigerweise mit der Gastraea, dem Urdarmthiere, eine nachfolgende Erscheinung im Entwicklungsleben, nämlich die Darmbildung, mit der voraufgehenden und wichtigsten, der Bildung der Keimblätter, zusammen.

Wir ersehen aus Obigem, wie wenig Sicheres, Thatsächliches wir bis jetzt über die erste Entstehung der Organismen wissen, wie sehr der Speculation in dieser Hinsicht vorläufig noch Thor und Thür geöffnet bleiben. Aber selbst wenn wir vorerst von solchen theoretischen Aufstellungen absehen und uns mit dem Gegebenen der in frischem Lebemuth vor uns grünenden, blühenden und sich tummelnden organischen Schöpfung begnügen wollten, müßten wir zu unserem Leidwesen erkennen, wie lückenhaft es um die Phylogenie auch in ihrer Weiterentwicklung noch aussieht.

Allen Versuchen, eine von den niedersten Organismen zu den höchsten stammbaumartig emporführende Entwicklungsweise herzustellen, stand bis vor Kurzem die Thatsache entgegen, daß zwischen Wirbellosen und Wirbelthieren eine Kluft existirte, welche durch keine Uebergangsformen überbrückt wurde. Da glaubte Kowalewsky (i. J. 1867) nachweisen zu können, daß die zu den sogenannten Mantelthieren, einer Klasse der Mollusken (S. 82) gehörenden Seescheiden oder Ascidien eine ganz ähnliche Keimentwicklung durchmachten, wie das sogenannte Lanzettfischchen (Amphioxus lanceolatus), welches letztere immer als niederstes Glied der Wirbelthierreihe angesehen zu werden pflegte. Später bemächtigte sich auch Kupfer dieses Gegenstandes. Man gab an, daß in den frei sich umhertummelnden Larven jener Ascidien sich in ganz ähnlicher Weise wie beim Amphioxus und schließlich wie bei den übrigen Wirbelthieren, eine sogenannte Rückenseite oder ein Rückenstrang (Chorda dorsualis), sowie Anlagen eines

Rückenmarkes entwickelten. Somit sollte der Zusammenhang zwischen Wirbellosen und Wirbelthieren hergestellt sein. Giard meint, daß die Natur in der Ascidienlarve die Grundlage des Wirbelthiertypus, die Rückenseite, schaffe und zwar einfach durch Adaption. Dadurch aber werde die zwischen beiden Hauptabtheilungen des Thierreiches gähnende Kluft ausgefüllt.

Nachdem diese Angaben von W. Dönitz in sachlich nicht genügender Weise kritisirt worden waren, traten auch Mecznikow und Bär gegen dieselben auf, letzterer indem er behauptete, daß diejenige Körperabtheilung der Ascidien, welche den Nervenaparat enthält, auf der Bauchseite, diejenige Körperabtheilung dagegen, welche die eigentlichen Bauchorgane, d. h. Eingeweide und Geschlechtstheile, enthalte, auf dem Rücken jener Thiere befindlich sei. Reichert hält nun die ganze vermeintliche Rückenseite der Ascidienlarven für ein solides, structurloses, mit einem Zellenbelage versehenes Stützgebilde des Schwanzes dieser Thiere, welches mit der Chorda der Wirbelthiere gar nichts zu thun habe.

Nun hat C. Semper in der sogenannten Urniere junger Dornhaifische (Acanthias vulgaris) sogenannte Segmentalgänge, d. h. Kanäle entdeckt, von welchen je einer dem durch einen Rückenwirbel bestimmten Abschnitte oder Segmente des Körpers entspricht. Ebenso sind die mit den Segmentalgängen allmählich sich verbindenden Drüsenknäuel der Urniere angeordnet. Indem nun auch an erwachsenen Haien dergleichen gefunden wurden, gelang es A. Schultze und Balfour, dieselben, wenngleich nur als vergängliche Organe, an den jungen Zitterrochen nachzuweisen. Semper glaubt nun in den Gliederwürmern eine ähnliche, ähnlich auch im Keimleben sich entwickelnde Segmentalbildung zu erkennen. Es soll sich übrigens selbst bei den Würmern ein der Rückenseite entsprechender fasriger Strang vorfinden. Semper nimmt jetzt an, der Stammbaum der Thiere werde sich frühzeitig in zwei Hauptäste gespaltet haben, in denjenigen der Urmagenthiere (Polypen, Stachelhäuter) und in den der Urnierenthiere. Letzterer gabelte sich wieder in den Zweig der ungegliederten Urnierenthiere, (Amphioxus, Mantelthiere, Weichthiere im Allgemeinen) und der gegliederten (Würmer, Gliederthiere, Wirbelthiere). Mit ihnen wäre uns denn wiederum ein angeblicher Zusammenhang zwischen Wirbellosen und Wirbelthieren geboten. Die Untersuchungen über jene Segmentalorgane werden fleißig fortgesetzt, ihre Ergebnisse bleiben erst abzuwarten.

Ohne nun die Möglichkeit ausschließen zu wollen, als könnten die Lücken in unserer Erkenntniß, wie sie oben erörtert worden sind, später einmal ausgefüllt werden, fühle ich mich doch, angesichts sehr vieler noch wenig oder nicht aufgeklärter, die Phylogenie des Thierreiches betreffender Verhältnisse veranlaßt, das Gebiet des noch gar zu Hypothetischen, der allerfernsten Vergangenheit der Erde Angehörenden hiermit zu verlassen. Wollen wir uns nun aber einen Einblick in die heutige Thierwelt verschaffen und uns dabei die Frage aufwerfen, wie sich dieselbe wohl entwickelt, wie sie sich allmählich gestaltet haben möge, so würden wir in den gröbsten Köhlerglauben verfallen, wollten wir sie uns als fertig aufgetischte Gebilde aus Schöpferhand vorstellen. Jede die allmähliche Entstehung der Wirbellosen betreffende Betrachtung würde uns leider(!) hier zu weit von unserem Thema ablenken, in Bezug auf sie verweise ich vielmehr, nur ungern derartige Studien preisgebend, vorläufig auf die Arbeiten der die äußersten Consequenzen des Darwinismus verfechtenden Gelehrten, unter ihnen namentlich aber auf Häckel, Gegenbaur, auf die Gebrüder Kowalewsky, Semper und Kupfer, sowie auf deren phylogenetische Untersuchungen. Uns interessiren hier mehr nur die Wirbelthiere und unter ihnen vor Allen, als Hauptgegenstände der Thierproduktion, die **Säugethiere.**

Sehen wir uns in den früheren, Säugethierreste beherbergenden Erdschichten um, so treten uns die ersten Spuren fossilen Vorkommens derselben in den Jurabildungen von England und Deutschland, sowie in der Trias Nordamerikas in Gestalt von Beutelthieren entgegen. Da sind die an der Grenze von Lias und Keupersandstein gefundenen Reste der Microlestes, in der Trias von Nordkarolina diejenigen von Dromatherium, beides den kleinen Spitzbeutlern (Myrmecobius) Neuhollands verwandte Geschöpfe. Sehr schöne Reste fossiler Beutelthiere lieferten der Purbeck-Kalk von Dorsetshire und der untere Oolith von Stonesfield in England. Wir finden darunter Insectenfresser, Fleischfresser und Pflanzenfresser, welche sich zum Theil an noch jetzt existirende Formen, wie Beutelwolf, Beutelratte und Känguruhratte anlehnen. Mit der Diluvialzeit sehen wir die Beutelthiere in Europa verschwinden. Reichlich treten sie aber in den Höhlen Australiens auf. Hier finden sich Reste von zum Theil colossalen Geschöpfen, welche nur in manchen

Beziehungen mit den heutigen übereinstimmen. Darunter z. B. das einem Nilpferde an Größe gleichende, zum Gehen befähigte Riesenkänguru (Diprotodon), der löwenähnlich starke Riesenbeutelwolf (Thylacoleo) und der Riesenwombat (Phascolomys gigas). Aus einem am Murray-Flusse tief gelegenen, der Grenze zwischen Diluvium und Alluvium angehörenden Kiesbette erhielt ich Reste, welche mit denen heutiger Beutelthiere bis auf gewisse geringfügige Abweichungen übereinstimmen. Owen erkennt nun in den versteinerten Beutelthieren einen allmählichen Fortschritt vom einfacheren zum zusammengesetzteren Organismus. K. Vogt und andere Darwinisten denken sich die fleischfressenden Beutelthiere aus den insectenfressenden entstanden. Darwin selbst leitet die Beutelthiere von den noch niedriger entwickelten Cloakenthieren oder Monotremen ab, zu welchen Schnabelthier und Ameisenigel gehören. Diese nun sollen in mehreren bedeutungsvollen Punkten ihres Körperbaues zur Klasse der Reptilien hinführen. Wir kennen bis jetzt noch keine fossilen Monotremenreste. Häckel aber nimmt nun an, daß die gemeinsame, längst ausgestorbene und unbekannte Stammform aller Säugethiere (Mammalia), der Stammsäuger (Promammale) den Schnabelthieren am nächsten gestanden habe, daß er jedoch von letzteren durch vollständige Bezahnung des Gebisses verschieden gewesen sei und daß die Schnabelbildung der heutigen Schnabelthiere jedenfalls als ein später entstandener Anpassungscharakter betrachtet werden müsse.

Häckel läßt ferner die merkwürdige Familie der Halbaffen (wahrscheinlich im Beginne der tertiären Epoche) aus unbekannten, den Beutelratten verwandten Beutelthieren durch Bildung eines Mutterkuchens, Verlust des Beutels und der Beutelknochen und durch stärkere Entwicklung des sogenannten Schwielenkörpers im Gehirn entstehen. Fossile Reste von Halbaffen hat man bis jetzt vergebens gesucht.

Die Halbaffen führen nun Häckel zu den *echten Affen*. Diese theilen sich bekanntlich in *Breitnasen* oder *Affen der neuen* und in *Schmalnasen* oder *Affen der alten Welt*. In letzteren erkennt Häckel die näheren Blutsverwandten des Menschen. Unsere alleraltesten Vorfahren dürften vielleicht den noch heute lebenden Nasenaffen und Schlankaffen (Semnopithecus) mit demselben Gebiß und derselben Schmalnase wie der Mensch, aber noch mit dicht behaartem Körper und mit langem Schwanze versehen, ähnlich gewesen sein. Unter allen lebenden Affen ständen dem Menschen *am nächsten* die *großen*, schwanzlosen Schmalnasen, der Orang-Utang und Gibbon in Asien, der Gorilla und Chimpanse in Afrika. Diese *Menschenaffen* oder *Anthropoiden* seien wahrscheinlich während der mittleren Tertiärzeit, in der miocänen Periode, entstanden. Sie hätten sich aus den geschwänzten Schmalnasen der vorigen Stufe (Affen), mit denen sie im Wesentlichen übereinstimmten, durch Verlust des Schwanzes, theilweisen Verlust der Behaarung und überwiegende Ausbildung des Gehirntheiles über den Gesichtstheil des Schädels entwickelt. *Directe Vorfahren* seien unter den heutigen Anthropoiden nicht mehr zu suchen, wohl aber unter den *unbekannten ausgestorbenen Menschenaffen* der Miocänzeit. Obwohl nun, so fährt Häckel fort, die Ahnenstufe der Affenmenschen (Pithecanthropi) den echten Menschen bereits so nahe stehe, daß man kaum noch eine vermittelnde Zwischenstufe anzunehmen brauche, so könne man als solche dennoch die sprachlosen Urmenschen (Alali) betrachten. Diese Affenmenschen oder Pithekanthropen hätten wahrscheinlich erst gegen Ende der Tertiärzeit gelebt. Sie seien aus den Menschenaffen oder Anthropoiden durch die vollständige Angewöhnung an den aufrechten Gang und die dem entsprechende stärkere Differenzirung der beiden Beinpaare entstanden. Die Vorderhand der Anthropoiden sei bei ihnen zur Menschenhand, die Hinterhand dagegen zum Gangfuße geworden. Obgleich diese Affenmenschen so nicht blos durch äußere Körperbildung, sondern auch durch ihre innere Geistesentwicklung dem eigentlichen Menschen schon viel näher als dem Menschenaffen gestanden haben würden, fehle ihnen dennoch das eigentliche Hauptmerkmal des Menschen, die artikulirte menschliche Wortsprache und die damit verbundene Entwicklung des höheren Selbstbewußtseins und der Begriffsbildung. Die echten Menschen hätten sich aus den Affenmenschen durch allmähliche Ausbildung der thierischen Lautsprache zur gegliederten oder artikulirten Wortsprache entwickelt. Mit der Entwicklung dieser Fähigkeit sei auch diejenige ihrer Organe, des Kehlkopfes und Gehirnes Hand in Hand gegangen. Der Uebergang von den sprachlosen Affenmenschen zu den sprechenden Menschen sei wahrscheinlich erst im Beginne der Quartärzeit oder der Diluvialperiode, vielleicht auch schon früher, in der jüngeren Tertiärzeit, erfolgt. Da nach der übereinstimmenden Ansicht der meisten bedeutenden Sprachforscher nicht alle menschlichen Sprachen von einer gemeinsamen Ursprache abzuleiten seien, so müsse man einen mehrfachen Uebergang von den sprachlosen Affenmenschen zu den echten, sprechenden Menschen annehmen.

Darwin schließt sich in seinem Werke über die Abstammung des Menschen Häckel's Ansichten an. Sagt er doch selbst in deren Einleitung zu demselben, daß wenn jenes den Stammbaum des Menschen enthaltende Buch des Jenenser Forschers früher als sein eigenes veröffentlicht worden sei, er letzteres wahrscheinlich nie zu Ende geführt haben würde. Denn fast alle die Folgerungen, zu denen er, Darwin, gekommen sei, finde er durch Häckel bestätigt u. s. w. Er sagt alsdann weiter: Die ältesten Urerzeuger im Unterreiche der Wirbelthiere, auf welche wir im Stande seien, einen, wenn auch nur undeutlichen Blick zu werfen, hätten, wie es scheine, aus einer Gruppe von Seethieren bestanden, welche den Larven der jetzt lebenden Ascidien ähnlich gewesen wären (S. 116). Diese Thiere hätten wahrscheinlich eine Gruppe von Fischen entstehen lassen, welche gleich niedrig wie der Lanzettfisch organisirt gewesen seien und aus diesen müßten sich die Ganoiden oder Eckschupper und andere den Lepidosiren oder Doppelathmern ähnlichen Fische entwickelt haben. Von derartigen Thieren werde uns ein nur sehr geringer Fortschritt zu den Amphibien hinführen. Vögel und Reptilien seien einst innig mit einander verbunden gewesen [1].

[1] Es muß hier u. A. hauptsächlich auf den Archäopteryx des lithographischen Schiefer von Solenhofen hingewiesen werden,

und die Monotremen brächten in einem unbedeutenden Grade die Säugethiere mit den Reptilien in Verbindung. Für jetzt aber könne Niemand sagen, durch welche Abstammungsreihe die drei höheren und verwandten Klassen, nämlich Säugethiere, Vögel und Reptilien von den beiden niederen Wirbelthierklassen, nämlich Amphibien und Fischen, abzuleiten seien. Innerhalb der Säugethiere ließen sich die einzelnen Schritte nicht schwer verfolgen, welche von den alten Cloakenthieren zu den alten Beutelthieren führten und von diesen zu den frühen Urzeugern der placentalen (d. h. mit einem Mutterkuchen versehenen) Säugethiere. Man könne auf diese Weise bis zu den Halbaffen aufsteigen und der Zwischenraum zwischen diesen bis zu den echten Affen sei nicht groß. Die echten Affen hätten sich dann in zwei Stämme abgezweigt, die neu- und urweltlichen Affen und aus den letzteren sei in einer frühen Zeit der Mensch, das Wunder und der Ruhm des Weltalls, hervorgegangen.

Fossile Affenreste treffen wir zuerst in der älteren Tertiärzeit im Eocän an. Es ist das die Gattung Cänopithecus aus Schweizer Bohnerzen (Egerkingen), ein sonderbares Mittelding zwischen Halbaffen der alten und Seidenaffen, auch Brüllaffen der neuen Welt. Alsdann fand man im Miocän von Attika, bei Montpellier und in den Sewalik-Hügeln (Britisch Indien) Verwandte der

---

einen Vogel etwa von Größe eines Huhnes, welcher mit seinem gegliederten und gefiederten Schwanz und mit sonstigen Eigenthümlichkeiten ein Bindeglied zwischen Vögeln und Reptilien bilden soll.

Schlankaffen (Semnopithecus), in anderen Schichten solche von Macacus und Meerkatzen (Cercopithecus). Fossile Verwandte der sogenannten anthropomorphen oder menschenähnlichen Affen hat man in dem den Gibbons nahestehenden Hylobates antiquus aus Sansan im Departement Gers und aus den Braunkohlen von Elgg (Schweiz), ferner im Dryopithecus von Ranggröße (nach Heer wohl ebenfalls ein Gibbon) aus Sansan und vom schwäbischen Alp, endlich auch in einem Schlankaffen (Semnopithecus pentelicus) aus Griechenland zu entdecken geglaubt. Man hat nun das Knochengerüst der mit abenteuerlich langen Armen ausgestatteten Gibbons, für das dem Menschen am ähnlichsten gebildete erklärt und zwar nicht mit Unrecht. Der Gibbon steht in dieser Hinsicht noch über Gorilla, Chimpanse und Orang-Utang. Auch der Schlankaffe zeigt in seinem Knochenbau vieles dem Menschen Aehnliche. Dagegen kann die lange krumme Nase des Nasen-

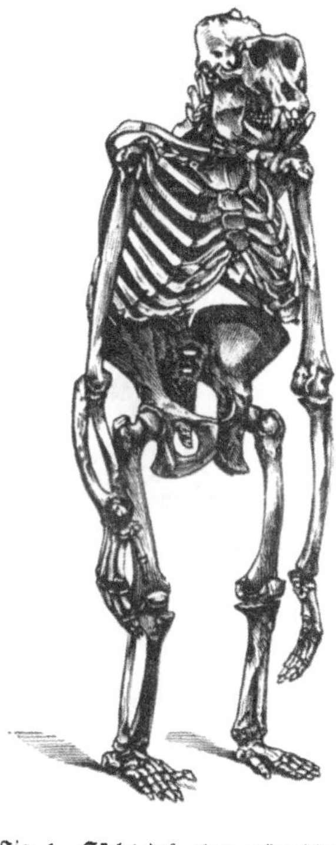

Fig. 1. Skelet des alten männlichen Gorilla, nach einer Photographie. (Pariser Museum.)

affen (Semnopithecus larvatus) bei einer Vergleichung zwischen Affe und Mensch nur wenig in Betracht kommen, denn sie ist eher wie der Rüssel eines Tapir und See-elephanten, als wie die Nase eines Menschen gebauet. Auch im Skelet der Gorillas, Chimpanses und Orangs findet sich vieles Menschenähnliche. Das zeigt u. A. beifolgender Holzschnitt (Fig. 1), an welchem nur die aufrechte Stellung verfehlt ist, denn diese wird von den großen Affen gänzlich ausnahmsweise angenommen und

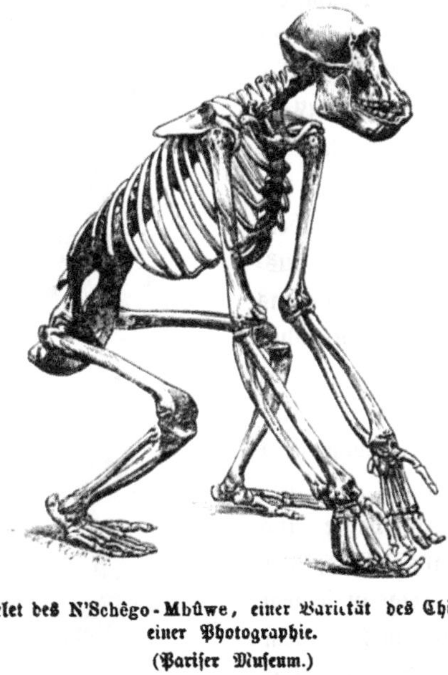

Fig. 2. Skelet des N'Schêgo-Mbûwe, einer Varietät des Chimpanse. Nach einer Photographie.
(Pariser Museum.)

von ihnen niemals lange ausgehalten. Gewöhnlich aber gehen diese Thiere auf allen Vieren und zwar meist mit nach Innen eingeschlagenen Fingern (vergl. Fig. 2.) und häufig selbst mit eingeschlagenen Zehen. Der knöcherne Kopf des jungen Gorilla, Chimpanse und Orang zeigt sich demjenigen eines Kindes in vielfacher Hinsicht ähnlich gebildet (Fig. 3). Allein je älter ein solches Thier wird, desto mehr verliert sich jenes menschlich-kindliche Aussehen, die Kiefergegend wird vorragender, der Hinterkopf dehnt sich mehr in die Länge. Das Ganze wird thierischer (Fig. 4).

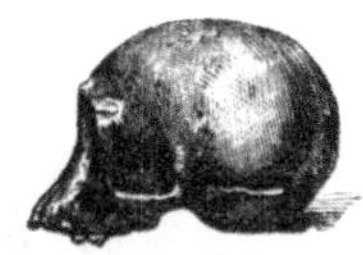

Fig. 3. Schädel des ganz jungen Gorilla. Nach einer Photographie. (Pariser Museum.)

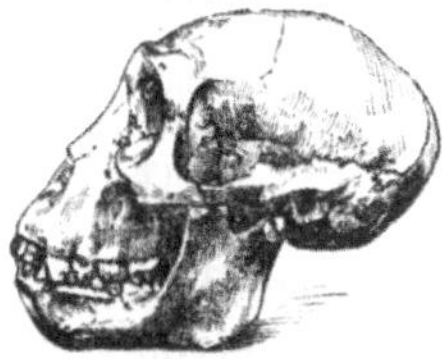

Fig. 4.

Der weibliche Gorilla zeigt sich uns mit den baroken Augenbrauenwülsten, der breiten, von wulstigen Knorpeln gebildeten Nase, ferner mit dem schräg vorragenden Kiefer, als ein häßliches Affengebilde. Sein Schädel bietet kaum noch etwas entfernt Menschenähnliches dar (Fig. 5).

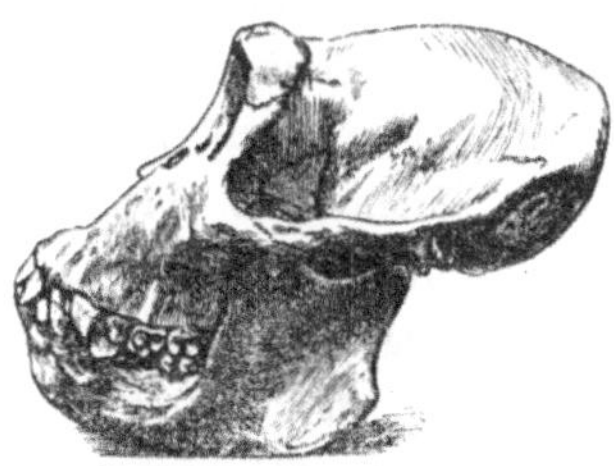

Fig. 5. Weiblicher Gorillaschädel nach einer Photographie. (Pariser Museum.)

Das alte Männchen hat einen mit mächtigem Hinterhauptskamm und viehischem Kautheil versehenen vom menschlichen Bau himmelweit verschiedenen Schädel (Fig. 6).

Auch die fanatischesten Darwinisten sind jetzt wohl

von der ursprünglich beregten Idee, in einer der lebenden Anthropoidenformen den Stammvater des Menschengeschlechtes zu sehen, zurückgekommen. Fossile Gorillas und Orangs kennt man bis jetzt noch nicht und mit anderen, oben erwähnten fossilen Affen macht sich die Descendenztheorie bis heuer nicht viel zu schaffen, obwohl der Unterkiefer des Dryopithecus (S. 125) weit menschenartiger geformt erscheint, als derjenige irgend einer anderen bekannten Affenform. Der Affenmensch ist es daher, welchen man jetzt ernstlich sucht. Aber wo ihn finden? Soll man ihn unter den verkommenen, vielfach auf Bäumen hausenden Papùas der Durga-Straße oder unter den Neuholländern aufspüren? Ich denke aber von letzterer Idee hätten uns Neumayer's Schilderungen gründlich zurückgebracht. Oder etwa unter den Zwergvölkern Afrikas, den Obongo, Babongo, Akka, Doko und Buschmännern? Kaum eigneten sich wohl Völker weniger zu derartigen Annahmen; als gerade die hier Genannten. Will man ferner den riesigen, dürrgliedrigen Nigritier vom weißen Nil als Abkömmlinge des Menschenaffen hinstellen? Das wäre wohl sehr verfehlt. Denn wenn ein solcher spindel-

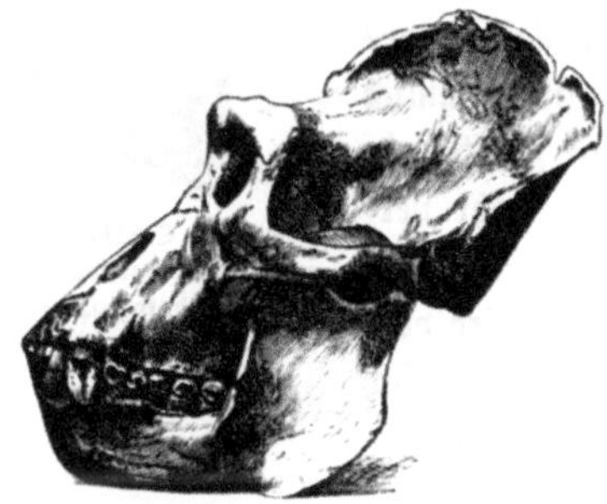

Fig. 6. Männlicher alter Gorilla-Schädel. Nach einer Photographie. (Pariser Museum.)

dürrer Schwarzer guter Mast unterliegt, z. B. in einer Kaserne zu Cairo, dann erwächst aus ihm ein wohlgestalteter Hüne, der weiter vom Affen entfernt steht, als manche Europäer verkümmerten Geschlechtes, z. B. die Tschitschen des Karstgebirges und andere Angehörige slavischer Nationalität. Neueste Zeitungsberichte besagen zwar, daß ein Mr. Bond das Bindeglied zwischen Affe und Mensch in den Bergdickichten der westlichen Ghats von Vorderindien gefunden habe. Auch hatte man an die Minkopi's und andere kleine Stämme Südasiens gedacht. Allein bevor dergleichen Nachrichten und Annahmen als nicht beglaubigte angesehen werden dürfen, behandelt man sie vorerst lieber mit großer Vorsicht und Zurückhaltung. Können ja doch nicht einmal die sogenannten (blödsinnigen) Kleinkopfmenschen oder Mikrocephalen, obwohl man so etwas versucht hatte, hier in Betracht gezogen werden. Dergleichen Unglückliche sind nämlich, wie Virchow sehr treffend bemerkt, durch Krankheit theilweise veränderte, den Affen in Manchem ähnlich gewordene Menschen, aber es sind keine Affen. Belassen wir daher einstweilen den Affenmenschen in dem Nebel, der ihn unseren leiblichen Augen noch unsichtbar macht. Kehren wir vielmehr zu der uns für jetzt ausschließlich interessirenden fossilen Säugethierwelt zurück. Versuchen wir deren schon sicher verbürgte und erst noch gemuthmaßte Entwicklung weiter zu beleuchten.

Man hat im oberen Jura Reste von Walthieren oder Cetaceen gefunden, von jenen fischähnlich gestalteten aber warmblütigen Ungeheuren der Tiefe, wie sie noch jetzt in verschiedenen Formen die Meere und Ströme bevölkern.

Unter ihnen sind die eigentlichen Walfische und Delphine fleischfressend, die Sirenen oder Seekühe jedoch pflanzenfressend. In der älteren Tertiärformation, im Eocän, treten die Sirenen und die riesigen Jochzähner (Zeuglodonten) auf, welche als Bindeglieder zwischen den eigentlichen Walthieren und den seehundsartigen Säugern, den Robben, angesehen werden können. Das heutzutage wohl gänzlich erloschene Borkenthier der nordischen See (Rhytina Stelleri) hat Einiges mit den dickhäutigen Hufthieren gemein, welchen übrigens auch die fossilen, den Seekühen im engeren Sinne zugehörenden Halitherien und deren jetzige Verwandte, die Dujong's des indischen Oceans, sowie die Manatis der amerikanischen und afrikanischen Küsten und Flüsse sich nähern. In der Tertiärzeit erscheinen ferner die großen Landsäugethiere, namentlich die pflanzenfressenden Hufthiere. Im Eocän finden wir noch kleinere Formen, zunächst von Hufthieren, die im Zahnbau den Tapiren sich nähernden Coryphodonten und Lophiodonten, die ebenfalls ganz tapirähnlichen Paläotherien, die sonderbaren zweihufigen, langschwänzigen, mit keiner lebenden Form mehr Aehnlichkeit zeigenden Anoplotherien und deren Verwandte.

Auch Fledermäuse, Nagethiere und Raubthiere sind damals vorhanden. Unter letzteren giebt es das Hyänodon, etwa von Leopardengröße mit scharfem Gebiß, ein die Eigenthümlichkeiten der Hyänen, Wölfe und Raubbeutler darbietendes Geschlecht. Ferner das den Vielfraßen sich nähernde Amphicyon u. A.

Der Miocän oder die mittleren Tertiärgebilde gewähren uns schon einen größeren Formenreichthum. Unter den Sirenen existiren wieder die Halitherien, unter den

Rüsselträgern die kolossalen, den Elephanten in ihrer Gestalt sich nähernden Dinotherien mit ihren zwei nach unten gekrümmten, in den Unterkiefern sitzenden Stoßzähnen, endlich die Mastodon-Elephanten, deren Backzähne mit zitzenähnlichen, in Querreihen stehenden Höckern versehen sind. Daneben gibt es Tapire und Nashörner. Auch Wiederkäuer treten auf in den Moschushirschen ähnlichen Zweihufern. Ferner Nagethiere und Insectenfresser in Arten, welche manche Beziehungen zu den jetztlebenden verrathen. Unter den Raubthieren sind von besonderem Interesse die Dolchzähner (Machairodus), löwenähnliche Katzen, denen zwei abenteuerlich lange, krumme, mit zwei schneidigen Rändern versehene Eckzähne oben aus dem Rachen hervorsahen. Neben diesen existirten Hunde und Viverren oder Schleichkatzen.

Sehr interessant gestaltet sich die miocäne Thierwelt in Attika. Diese Landschaft, in welcher ehedem die größten Geister des klassischen Alterthumes lebten und wirkten, Unsterbliches für die Kulturentwicklung der Menschheit schufen, war nach A. Gaudry's zu Pikermi angestellten bedeutenden Forschungen in der grauen Vorzeit des Miocän weit fruchtbarer als heut, damals reich ausgestattet mit fetten Prairien und majestätischen Gehölzen. Hier tummelten sich zweihörnige Rhinoceros neben riesigen Ebern, hier kletterten Affen umher, gingen Raubthiere aus den Familien der Zibethkatzen, Marder und echten Katzen ihrem Fange nach. Die im Marmor des Pentelikon klaffenden Höhlen dienten den Hyänen als Zufluchtsstätten. Unermeßliche Herden von Quaggas, Zebras und Hipparionten, alles Vertreter des Pferdegeschlechtes, galoppirten über die Ebenen dahin.

Ihnen machten an Anmuth der äußeren Erscheinung die noch flüchtigeren Antilopen den Rang streitig. Da gab es die speerhörnigen Palaeoreas, die leierhörnigen Antidorcas, die säbelhörnigen Palaeoryx, die widderhörnigen Tragocerus, die schmalköpfigen Palaeotragus. Ein an unsere Giraffe erinnerndes Thier war das Helladotherium. Neben einem imposanten Wenigzähner, dem Ancylotherium, bewegte sich jenes schon beschriebene mächtige, plumpe Ungeheuer, Dinotherium. In seiner Nachbarschaft weideten das Mastodon mit Zitzen- und ein anderes Thier dieser Gattung mit Tapirzähnen! Von den Berggehängen hernieder schallte das Gebrüll der fürchterlichen dolchzähnigen Machairodus-Katzen. Und es gab noch viele andere Säugethiere daselbst, in deren manigfaltiges Geschrei sich der Gesang der Vögel mischte. Nur die Stimme des Menschen fehlte damals, soweit wenigstens unsere heutige Erfahrung reicht.

Es war jene altattische eine Thierwelt, wie wir sie in ihrer Ueberzahl und wilden Majestät jetzt nur noch in den Steppen und Wäldern des Landes der Schwarzen antreffen. Vieles, durchaus nicht Alles, hat seitdem die Formen gewechselt. Noch heut stampfen die Hufe von Zebras und Quaggas den Boden der Kalihari-Wüste, der Campinas (Grasdickichte) der Congo-Länder. Die Verwandten der miocänen Antilopen, die Kudu, die Wasserböcke, die Elens, die Oryx, die Springböcke u. s. w. bevölkern noch heut jene Gras- und Buschflächen, welche sich über weite Länderstrecken vom Senegal bis zum Orangeflusse, vom Nil bis zum Limpopo ausbreiten. Die Hyänen verschlafen noch jetzt ihre Tage in den Felsenklüften von Sennaar und Abyssinien. Zibethkatzen huschen durch die Wälder, Marder beschleichen die Hühnergelasse der Neger, die Giraffe schweift äsend durch die Akazienhaine. In den Regenteichen siehlt sich das Rhinoceros und durch die Negerkorn- und Weizensaat bricht der hier zu mächtigen Exemplaren heranwachsende Keuler. Die Fruchtgehege Loango's und der Niam-Niam durchstöbert der Chimpanse, in den Feigenbaumgehölzen des Westens haust der riesige wehrhafte Gorilla. Paviane klettern auf den Bergen und Waldpatriarchen herum. Manches in der dortigen Thierwelt ist freilich heut anders geworden gegen damals. Der attische Dolchzähner hat den Löwen und Leoparden Afrika's Platz gemacht, statt der Mastodonten knickt der breitohrige, bombenstirnige Elephant das Dickicht. Dinotherium, Ancylotherium u. A. sind spurlos verschwunden. Statt der afterzehigen Hipparionten finden sich nur noch wilde Esel (Fig. 7) auch zahme und gezähmte Rosse vor.

Fig. 7. Ostafrikanischer Wildesel. Nach einer Photographie. (Pariser Pflanzengarten.)

Gaudry findet nun unter den fossilen Säugethieren Attikas viele wunderbare Uebergänge zu älteren, gleichzeitig gelebt habenden und zu neueren Formen, welche Uebergänge und verwandschaftliche Verhältnisse ich hier in Kürze andeuten will. So hat der dortige Affe zwar fast den Schädel der indischen Schlankaffen (Semnopithecus), aber die Gliedermaßen der Schweinsaffen (Macacus), welche letztern über Asien und Afrika vertheilt sind. Der Fleischfresser Simocyon zeigt die Eckzähne der Katze, die Vorderbackzähne des Hundes, das Unterkieferbein des Bären. Promephitis, den Stinkthieren sich nähernd, vermittelt hier die Uebergänge von Mardern, echten Stinkthieren und Ottern. Unter jenen attischen Funden gehören von drei Arten die Knochen zu den Viverren oder Schleichkatzen. Eine dieser Arten ähnelt sehr der afrikanischen Zibethkatze. Eine andere dagegen gesellt sich mehr zu den Hyänen. Eine dritte schließt sich noch mehr einer kleinen Hyäne an. Gaudry fand aber auch Hyänen auf, welche wieder mit den Viverren manche Uebereinstimmung zeigen. Eine Hyäne von Pikermi ist der braunen Hyäne (Hyaena brunnea) Ost- und Süd-Afrikas nahe verwandt; ihre Oberzähne ähneln denen der gestreiften Hyäne (Hyaena striata) Nord-, ihre Unterzähne denen der gefleckten Hyäne (Hyaena crocuta) Mittel- und Südafrikas u. s. w. u. s. w.

Eine derjenigen von Pikermi ähnliche Thierwelt fand nun Gaudry an den Lébéron-Bergen in der Provence. Aber in jeder der beiden Oertlichkeiten treten verschiedene, zu denselben Arten gehörende Rassen auf. Die meisten dieser Formen sind mit der voraufgegangenen und mit der späteren Thierwelt dergestalt durch Uebergangsglieder verbunden, daß man sie nur als Rassen einer erweiterten Art betrachten sollte. Einem Mitarbeiter Gaudry's, Herrn Tournouër, entgeht bei Gelegenheit dieser interessanten Veröffentlichung der Ausspruch: die Art dürfe im Raum und in der Zeit nur als ein vorübergehender, mehr oder minder örtlicher Zustand eines allgemeineren Typus gelten, welchen letzteren die Gruppe darstelle.

Eine höchst merkwürdige Lagerstätte bilden auch jene in den Himalaya-Landschaften befindlichen, zwischen Ganges und Djemna gelegenen Siwalikhügel (S. 124). In ihren zur jüngeren Tertiärformation gehörenden Ablagerungen

Fig. 8. Kopf einer männlichen Saiga.
Nach dem Leben gezeichnet von H. Leutemann.

fanden Cautley und Falconer Reste riesiger Thiere. Da war zunächst das Sivatherium, ein wiederkäuernder Koloß mit vier Hörnern, welchen J. Murie als einen den gabelhörnigen und anderen Antilopen nahestehenden Pflanzenfresser betrachtet. Seine mit rüsselähnlicher Oberlippe versehene Schnauze dürfte sehr lebhaft an diejenige der heut in den südrussischen und westasiatischen Steppen verbreiteten Saiga erinnert haben (Fig. 8).

Ferner existirten hier Mastodonten, Fluß- oder Nilpferde (Hippopotamus), die Merycopotamen, welche die Schädelgestalt schweineartiger Thiere, deren Hauzähne mit den Backenzähnen der Wiederkäuer vereinigten, Rhinoceronten, die zwischen letzteren und den Anoplotherien (S. 130) stehende Nashorn- und Tapirgröße zeigenden Chalicotherien, Kameele, Giraffen, Büffel, Antilopen und Pferde. Außer Tigern, Dolchzähnern, Bären, Ottern kamen noch Schlankaffen, langschnauzige Krokodile, sowie eine Landschildkröte von riesiger Größe (Colossochelys Atlas) u. dgl. vor.

Früher schien es, als fehle zwischen der Säugethierwelt der ältesten und derjenigen der mittleren wie jüngeren Tertiärzeit Europas jede Vermittlung. Später glaubte man jedoch, dieselbe in solchen Formen zu finden, welche man wohl mit einiger Sicherheit als Abkömmlinge von den ältesten, der Gesammtepoche angehörenden Formen betrachten dürfe. In Nordamerika hat man übrigens längs der Ostausläufer der Rocky Mountains oder Felsengebirge in Dakota Mergelablagerungen erschlossen, in denen Regenströme sich ihre tiefen Betten gegraben, deren terrassenförmige und oftmals wild zerklüftete Wände den ihnen von den Spaniern gegebenen Namen Cañon (Orgelpfeife) verdienen. In den Mergeln dieser Mauvaises Terres genannten, von den Waldläufern und Biberfängern zu abenteuerlicher Romantik verherrlichten Bildungen fand man Unmassen von fossilen Säugethierknochen. Unter diesen zeigen sich Vertreter der älteren und mittleren Tertiärzeit, welche wie z. B. die schon genannten Hyänodon, Lophiodon, Amphitherium, Machairodus u. s. w. hier zusammengelebt haben müssen. Diese Formen enthalten mancherlei Uebergangsgebilde zur europäischen eocänen und miocänen Säugethierbevölkerung. Zittel bemerkt nun, daß angesichts solcher Thatsachen die Vermuthung Raum gewinne, daß am Rande des Felsengebirges die europäische eocäne Säugethierwelt ihre letzte Zufluchtsstätte gefunden, daß sie sich dort umgestaltet habe, um in späterer Zeit zurückkehrend die nördliche Hemisphäre von Neuem zu bevölkern.

Im Gebiet von Nebraska finden wir im Miocän theils amerikanische, theils europäische Säugethiere, welche im Allgemeinen nach dem Urtheile ihres Erforschers K. Leidy von den eocänen Formen der Mauvaises Terres u. s. w. abstammen.

Mit Afrika hat die europäische eocäne Säugethierwelt Verbindungen, wenn auch schwächere, wie mit Amerika, gehabt. Nach Ruetimeyer zeigt Dichobune, z. B. der Schweizer Bohnerze, Verwandtschaft mit einem niedlichen Moschusthiere der afrikanischen Westküste (Moschus-Hyaemoschus-aquaticus); die sonst tapirähnlichen Palaeotherien und Lophiodonten nähern sich auch dem über weite Gebiete Afrikas verbreiteten Larvenschweine (Potamochoerus larvatus) u. s. w. Um nun Beziehungen, wie die letzteren einmal beispielsweise zu illustriren, bilden wir hier einen ganz nahen lebenden Verwandten des heutigen afrikanischen Larvenschweines ab (Fig. 9).

Wir erkennen nach Obigem also innerhalb der tertiären Säugethierwelt sowohl mancherlei entferntere Verbindungsglieder als auch nähere directere

Fig. 9. Pinselohrschwein (Potamochoerus penicillatus).
Nach Photographie von F. York.

Uebergangsformen. Manche Typen freilich treten, scheinbar unvermittelt in die Erscheinung. Für diese fehlen uns bis jetzt leider noch die verbindenden Zwischenglieder. Manche Lücke schließt sich hier freilich unter dem Erfolg der täglich sich mehrenden Beobachtungen. Für andere tertiäre Säugethiere hat man aber den Stammbaum bis jetzt immer noch nach einem zu unsicheren Beobachtungsmaterial entworfen. Sehr viel bleibt hier noch zu thun übrig.

Ungemein wichtig ist für unsere Betrachtungen jene zwischen der Tertiär- und Neuzeit liegende Epoche, welche wir mit dem Namen der diluvialen, postpliocänen, pleistocänen oder quaternären Bildungen zu belegen gewohnt sind. Zwischen letzteren und den Tertiärbildungen existirt übrigens so wenig eine strenge Scheidung, als zwischen den diluvialen Bildungen und denjenigen der Neuzeit. K. Vogt sagt mit vollem Recht, daß Thiere wie Gewächse in diesen Erdepochen sich nur in sofern verschieden zeigten, als in den einzelnen Gebieten den klimatischen und örtlichen Veränderungen entsprechende Schwankungen sich nachweisen ließen, welche schließlich nur zu einer allmählichen Verarmung, namentlich der Fauna, führten. Mächtige Wasserfluthungen, der jeweiligen Oberflächengestaltung gemäß über größere oder geringere Länderstrecken sich verbreitend, müssen damals die Erde heimgesucht haben, wie denn auch zeitweilig ungeheuere, zu Gletschern sich zusammenfügende Eisanhäufungen sich über Gebiete erstreckt haben müssen, welche sich jetzt eines gemäßigten Climas und eines ertragsfähigen Bodens erfreuen. Die Erzeugnisse solcher Fluthen, die namentlich unsere Ebenen überdeckenden Blöcke, Geschiebe- und Geröllmassen, Lehme, Gruse, Kiese, Mergel, der Sand und gewisse Thone enthalten sehr zahlreiche Thier- und Pflanzenreste.

Charakteristisch für die diluviale oder quaternäre Epoche ist die schon kurz erwähnte Bildung gewaltiger Gletscher. Mit dem warmen Tertiärklima, namentlich noch der Miocänzeit, mit ihren Fächer- und Fiederpalmen, ihren Akazien, Kletterfarn und Lotusblumen u. s. w. war es längst vorbei — die Kälte nahm zu, immer zu und allmählich bildete sich für die nördliche Hemisphäre die sogenannte Eiszeit aus, welche sich durch einen Zeitraum von unterschiedlichen Jahrtausenden gehalten haben muß. Die Gletscher der Schweizer Alpen, und diejenigen des skandinavischen Nordens sind damals tiefer hinabgerückt in das Land, Steinmassen mit sich führend und diese beim allmählichen Abschmelzen an Ort und Stelle wieder absetzend. Mit diesen Steinen, mit diesen Blöcken, Geschieben und Geröllen wanderten dann auch Schutt, Kies, Sand, Erde thalabwärts und wurden durch abfließendes Gletscherwasser weithin über das Land verbreitet. Von dem allmählichen Vorrücken dieser ununterbrochen vorwärts strebenden, ja wenn wir wollen fließenden Gletscher erzählen uns die Schliffe oder durch Eis veranlaßten Abreibungen und Anstreifungen der Felsen, wie man sie z. B. an den Ufergesteinen der skandinavischen Meeresbuchten so schön beobachten kann. O. Heer (S. 102) glaubt, daß die Gletscher in zwei verschiedenen Zeiten sich über das Schweizerland ausgebreitet haben. Die Schieferkohle (das.) sei in der Zwischenzeit gebildet, in dieser ein paar Tausend Jahre dauernden Periode habe sich eine Pflanzendecke über die Erde gebreitet, welche die Veranlassung zur Bildung gewaltiger Torflager bildete. Nach den in den Schieferkohlen von Utznach und Dürnten (Canton Zürich) gefundenen Pflanzenresten zu urtheilen, ähnelte das damalige Klima dem heutigen. Allem Anscheine nach hat damals eine Jahrestemperatur von 6—9° Cels. geherrscht. Darauf erfolgte wieder eine allmähliche Abkühlung, und die Gletscher rückten folglich aus den Alpen in deren Vorländer hinab. Mit der zum andernmal sich erhöhenden Temperatur schmolzen aber auch diese Gletscher und es bildete sich die der Jetztzeit angehörende Naturbeschaffenheit aus. Man unterscheidet daher die erste Eiszeit, dann die Schieferkohlenbildung, die interglaciale, d. h. zwischen beiden Eiszeiten stattgefundene Geröllbildung, die zweite nachherige Eiszeit und die darauf folgende postglaciale Geröllbildung. Auch Nordamerika war damals von Eis- und Gletschermassen bedeckt.

Die nordpolaren Länder Grönland, Spitzbergen, Nowaja Semlja, Nordsibirien, die Hudsonsbay-, Behring's-Länder u. s. w. tragen bekanntlich noch jetzt ihre Gletscher, deren manche wie z. B. der dem König Johann von Sachsen zu Ehren benannte, am Ostufer der Edge-Insel gelegene, der Negri-Gletscher im Osten von West-Spitzbergen u. a. m. eine beträchtliche Länge, Breite und Höhe besitzen. Damals zeigte sich eine der hochnordischen oder arktischen und der ihr vielfach verwandten europäischen Alpenflora entsprechende Pflanzenwelt auf den jetzt gemäßigten Strichen Europas. Spitzbergen bietet noch heut ein Gemisch von europäischer (skandinavischer, alpiner und rein arktischer), d. h. nordamerikanischer und nordasiatischer Flora dar. Die Thierwelt dieser Gletscherperiode ist interessant genug. Da finden wir das Murmelthier, den Schneehasen, den als wandernden Nager so bekannten Lemming, den Höhlenbären, Dachs, Vielfraß, Wolf, Steinmarder, Iltis, das Wiesel, die Fischotter, die Gemse, den Steinbock, den Hirsch, das Reh, den Riesenhirsch (Cervus megaceros), das Elen, das Rennthier, den Urochsen (Bos primigenius), das Wiesent (Bison priscus), den Moschusochsen, den Mammuth oder Mammont (Elephas primigenius) und das Rhinoceros mit knöcherner Nasenscheidewand (Rhinoceros tichorrhinus). Beide letzteren Thiere waren mit langen Haaren bedeckt und so für ein kälteres Klima vorbereitet. Viele dieser Wesen sind jetzt auf die hohen Gebirge der Schweiz, Skandinaviens, die Pyrenäen, die sarmatischen, illyrischen und türkischen Höhen u. s. w.

beschränkt. Der Moschusochse aber lebt ausschließlich im Norden. Nur wenige Thiere hielten sich bis heuer in unseren Ebenen. Das Wisent wieder ist auf Litthauen und den Kaukasus, das Elen nur auf ersteres Gebiet angewiesen. Mammuth, Rhinoceros, der Riesenhirsch und Urochs sind ausgestorben. Manche Thierarten haben ihre Existenz aus der der Eiszeit unmittelbar vorhergegangenen Periode in das postglaciale Diluvium fortgeführt.

Der Rhein, die Donau und andere größere, in den Alpen entspringende Flüsse führten damals Massen von Schlamm mit sich, welche sie in weiter Verbreitung absetzten. In den oberflächlicheren Lagen dieser Niederschläge macht sich der Lös oder Löß bemerkbar, ein sandiger Lehm, welchem verwandt auch in anderen Ländern vorkommende diluviale Ablagerungen, z. B. der Ganges-, Nilschlamm, der China-Löß u. s. w., zu sein scheinen. Im Löß finden sich nun auch viele, zum Theil der Eiszeit entsprechende Säugethierreste, namentlich von Elephanten, Rhinoceronten, ochsenartigen Wiederkäuern u. s. w. Selbst die Reste von Weichthieren des Löß weisen auf ein kälteres, alpines Klima hin.

In Schottland und Nordengland werden alle der Eiszeit angehörenden und durch Eisbewegung entstandenen Erdbildungen Drift genannt. Dieses Drift, in welchem man viele Erzeugnisse urthümlichen menschlichen Kunstfleißes findet, ist dagegen arm an Thierresten. Interessant unter letzteren sind aber gewisse in arktischen Meeren und zugleich in der Meerestiefe um Britannien vertretene Mollusken.

Während der Diluvialzeit suchten viele Säugethiere

(wie öfters noch heut) Zuflucht in Höhlen. In den Bodenschichten der letzteren finden sich hier und da große Mengen von Thierknochen und zwar unter den verschiedenartigsten Verhältnissen. Man hat diese diluvialen Höhlenreste manchmal in einseitiger Weise nur für Ueberreste des Fraßes von Raubthieren, die Höhlen selbst aber für die Speisekammern der letzteren erklärt. Sicher haben dergleichen ihren Raub dahineingeschleppt und allein oder unter Mitwirkung ihrer Nachkommenschaft verzehrt. Es finden sich aber neben den Resten der Verzehrten auch vielfach die Reste der Verzehrer, diese manchmal sogar in staunenerregender Zahl. Raubthiere und Beutethiere derselben konnten in solchen engen Räumen unmöglich nebeneinander existiren. Wie sind nun letztere Reste in die Höhlen gelangt? Antworten auf diese Frage sind, denke ich, unschwer zu finden. Es können ja erst Raubthiere und dann andere diesen sonst zur Beute fallende Geschöpfe nacheinander in einer Höhle gehaust haben, nacheinander an Alter, Krankheit, Verwundung u. s. w. zu Grunde gegangen sein. Familien höhlenbewohnender Raubthiere konnten durch die Wasser plötzlich hereinbrechender Ueberschwemmungen in diesen ihren Zufluchtsstätten ersäuft, von herunterbröckelnden Gesteinmassen erschlagen worden sein. Individuen gewisser Arten konnten die Leichen auf irgend eine Weise umgekommener, andersartiger Raubthiere in die Höhlen gezerrt oder konnten sie daselbst erst gefunden und dann vertilgt haben. Durch Menschen können auf der Jagd erlegte Löwen, Bären u. s. w. in die Höhlen geschleppt und daselbst gegessen worden sein. Fluthen werden in die Höhlen gedrungen sein und mitgeführte Thierleichen oder Knochen in dieselben hineingespült oder daselbst bereits vorhandene im Strudel umhergeschwemmt haben. Endlich hat es manchmal den Anschein, als seien von oben her Thiere in Felsspalten verunglückt, welche mit Höhlen in offener Verbindung stehen oder wenigstens gestanden hatten.

Unter den diluvialen Höhlenknochen finden sich u. A. diejenigen von Thieren, aus denen man besondere erloschene Höhlenthiere machen gewollt. Da sind der Höhlenbär, der Höhlenlöwe, (nicht Höhlentiger), die Höhlenhyäne, der Höhlenwolf u. s. w. Ersterer hat

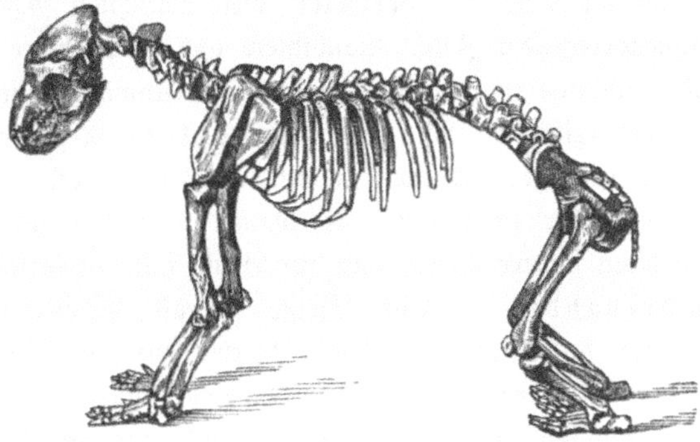

Fig. 10. Skelet des Höhlenbären nach Photographie. (Pariser Museum.)

eine enorme Größe erreicht. An seinem Schädel beobachtete man einen mächtigen Knochenkamm; der mit langen starken Eckzähnen bewehrte, von der Stirn durch eine tiefe Einsattelung getrennte Schnauzentheil desselben hatte nicht die gewöhnlichen Lückenzähne u. s. w. Allein in diesem ehemals so mythischen Thiere erkennen nicht wenige Forscher recht wohl ausgebildete Exemplare unseres gemeinen, in seiner Gestaltung, Färbung u. s. w. so unendlich wechselnder Petz. In jenen Zeiten war ein ausgewachsener männlicher Bär der König seiner Gegend. Den mit ihm lebenden Thieren war er an Stärke theils gleich, theils überlegen. Der neben ihm existirende Mensch konnte ihm mit seiner unvollkommenen Bewaffnung nur wenig anhaben. Da vermochten sich denn auch solche Thiere zu hohem Alter zu entwickeln. Bei reichlicher Fleischnahrung — es gab ja Urochsen, Wisente, Riesenhirsche, Rennthiere u. s. w. — erreichten sie eine gewaltige Größe. Die dem männlichen Geschlechte eigenthümlichen Knochenkämme gelangten zu besonderer Ausbildung, namentlich am Schädel. Auch die Bärin hat es damals zu tüchtiger Entwicklung gebracht, wie dies mancherlei Funde beweisen. Noch heut erreichen der sibirische, der kurilische und armenische Bär zuweilen erstaunliche Dimensionen. Die Thiere lebten zu allen Zeiten gern in Vertiefungen der Felsen u. s. w. Schwächer gebliebene Bären, deren Reste nicht jene massiven Formen zeigen, wie der sogenannte Höhlenbär, wurden dann von unseren Geologen zu Vertretern anderer Arten gestempelt, namentlich wenn an ihnen der Charakter eines starken Variirens ausgeprägt erschien. Man sprach z. B. von einem Ursus arvernensis, leodinensis, metopoleianus, metoposcairnus, neschersensis, ferreojurassicus, fornicatus u. s. w. Irgend ein Fundstück an beliebigem Ort, welches gewisse Eigenthümlichkeiten zeigte, denen man recht wohl die Deutung einer örtlichen oder individuellen beilegen konnte, mußte dann von einer schnell neugemachten Art herrühren. Da gab es ein Nennen und Benennen mit theils erschrecklich klingenden Namen (s. oben und vergl. S. 23). O. Fraas glaubt, daß die Species Höhlenbär durch den Menschen ausgerottet sei, und daß an seiner Stelle, wahrscheinlich vom Mittelmeer her, der gemeine braune oder Alpenbär, seinen Einzug nach Mittel- und Nordeuropa gehalten habe. Allein einer solchen Annahme widersprechen verschiedene Gründe. Auch ist nicht denkbar, wie eine Menschheit, stark genug, um den Höhlenbären von der Erde zu vertilgen, die Einwanderung und Verbreitung einer angeblichen anderen, schwächeren Art von immer noch gefährlichen Raubthieren geduldet haben sollte. Will man aber etwa der Verbreitung des gemeinen Bären besonders günstig gewesene Naturereignisse annehmen? Wo wären dazu wohl die Gründe zu finden? Auch der sogenannte alte oder Urbär der Autoren (Ursus priscus) steht jedenfalls dem braunen Bären näher, als Owen, Fraas und Andere glauben. Er ist freilich so, wie die Palaeontologie ihn sich beschaffen gedacht hat, nicht mehr vorhanden. Manche theilen den braunen Bären der Jetztzeit gewisser Färbungsverschiedenheiten des Pelzes wegen in Arten und Unterarten ab. Allein kaum wo scheint sich die so ungemein großer Variabilität unterworfene Haarfärbung als ein so elendes systematisches Kennzeichen zu bewähren, als für die zum Bären-, Marder- und Hundegeschlechte gehörenden Raubthiere. Andere wollen unseren Petz seinen örtlichen Futterneigungen gemäß in Arten abtheilen. Fraas unterscheidet auch den angeblichen ausgestorbenen Rennthierbären (Ursus tarandi) der schwäbischen Höhlen vom Höhlen- und Urbären. Allein es kann die Lebensweise allein oder selbst nur vorzugsweise höchst selten oder nie für die Aufstellung einer Art maßgebend sein. Am allerwenigsten aber bei diesen Thieren. Bären und Hunde gewöhnen sich zum z. B. unter den entsprechenden örtlichen Bedingungen an die verschiedenartigste Lebensweise und Nahrung. Erstere treffen hier vorzugsweise Fleisch, dort Vegetabilien. Hunde fressen bei uns Allerlei, im hohen Norden fast ausnahmsweise gestrandete oder gefangene, selbst gedörrte Fische. Auf den Keeling-Inseln aber fangen die Hunde an seichten Uferstellen die die Korallenstöcke abweidenden Fische aus der Familie der Lippfische (Labroiden) selbst für sich u. s. w. Der Höhlenbär scheint mir nach Allem ein durch klimatische Veränderung und menschliche Einwirkung heruntergekommener directer Vorfahr unseres braunen Bären zu sein, als dessen polare, in Gestalt und Lebensweise abgeänderte Zweigform der Eisbär (Ursus maritimus) sich erweisen dürfte.

Die quaternäre Höhlenhyäne ist unsere heutige gefleckte Hyäne (Hyaena crocuta), welche in Afrika etwa vom 17° nördlicher Breite an bis zum Kap lebt. Nach Dupont hat dies ehemals auch so weit über Europa verbreitet gewesene, gefräßige Geschöpf während der quaternären Zeit das Mammuth, Rhinoceros, Rennthier, den Hirsch, Urochsen u. s. w. verzehrt. Jetzt vertilgt es Elephanten, Nashörner, Büffel, Antilopen, Hausvieh u. s. w. Es greift höchstens die schwächeren Formen an, von den stärkeren aber frißt es nur die Leichen, das Aas. Ich denke, daß dieses manchmal noch heut mit dichtem zottigen Pelze ausgerüstete Raubthier damals auch in gemäßigteren Klimaten ausgedauert haben könne. Geht doch der echte gestreifte Tiger, sonst ein Bewohner der heißen, hochhalmigen Allang-Gras-Fluren von Java, oder

der stickigen, verworrenen Dickichte Bengalens bis in die kühleren Arven-Wälder der Amur-Landschaften hinauf!

Der Höhlenlöwe ist nichts weiter als unser gewöhnlicher, über Afrika und Westasien verbreiteter Löwe der Jetztzeit. Noch in geschichtlicher Zeit bewohnte er Macedonien. Er fand damals seine Grenzen in den Flüssen Nestos und Achelous. Schon seit vielen Jahrhunderten hat er aber Europa verlassen. In den Alpen von Abyssinien streift dies Raubthier zuweilen bis in die Nähe der Schneegrenze. Da konnte es früher auch recht gut in dem mehr gleichmäßig kühlern Sommer und wärmeren Winter besitzenden Klima jener Epoche dem Hirsch und Rennthiere nachstellen. Selbst der Panther oder Leopard unserer Tropen fand damals seinen Vertreter in Felis antiqua. Noch jetzt geht der Leopard bis in eine Höhe von 11—12000 Fuß hinauf.

Wolf und Fuchs, Vielfraß und Marder waren zur Diluvialzeit dieselben Thiere wie heut.

Merkwürdig ist die durch J. A. Allen genauer studirte, von Anderen bestätigte Uebereinstimmung eines hervorragenden Theiles der europäischen und nordamerikanischen Thierwelt. Das lappländische Rennthier ist identisch mit dem Caribou oder wilden Renn der Vereinigten Staaten. Unser in Litthauen sorgsam gepflegtes Elen ist nicht verschieden vom Moose-Deer, welchem die Odschibwä und Schwarzfuß-Indianer auf ihren Schneeschuhen nachjagen. Ob der litthauische nnd amerikanische Wisent etwas anderes als nur continentale Abarten einer Form seien, ist noch zweifelhaft. Der riesige Elk- oder Wapiti-Hirsch (Cervus canadensis) der indianischen Jagdgründe hatte seinen Vertreter in der bis in die historische Zeit hineinragenden Riesenform unserer Wälder. Letztere hat manchmal etwas plattgedrückte Geweihe, namentlich da, wo die Enden derselben entspringen. Petz scheint nur eine Varietät des gefürchteten grauen oder Grizzlybären (Ursus ferox) der Felsengebirge zu sein. Marder, Wiesel, Nörz, Dachs, Wolf und Fuchs sind für beide Festländer dieselben Formen. Allen hält sogar Hausmarder, Edelmarder und Zobel für einer Art angehörig. Der Wolf wird in Europa und Nordamerika öfters schwarz, in Texas, Neumexico, Sonora, Cohahuila u. s. w. selbst roth.

Fig. 11. Coyote oder Prairiewolf (Canis latrans).
Nach der Natur gezeichnet von G. Mützel.

Der Coyote oder Prairiewolf der Vereinigten Staaten und Mexicos (Canis latrans), findet seinen nahen Ver=

wandten in dem kleinen Wolfe gewisser Gegenden Ungarns, der Türkei, Südrußlands, der Pyrenäen und anderer Gegenden Spaniens sowie derer Portugals. Zur Vergleichung dieser Formen untereinander darf man freilich nur Individuen im Sommerpelze benutzen, dessen dünne Behaarung uns gestattet, die Bildung der Gliedmassen leichter zu übersehen. Im Winterpelz dagegen sieht das Thier eigenthümlich, fremdartig aus, wie u. A. vorstehende Abbildung (Fig. 11) zeigt.

Daß Europa und Asien viele miteinander völlig übereinstimmende Säugethierarten besitzen, läßt sich aus der geographischen Lage beider Festländer leicht erklären. Auch die Uebereinstimmung zwischen Asien und Amerika ist erklärbar, wenn man die Enge der Behring-Straße und die Erstreckung der aleutischen Inseln ins Auge faßt. Hinsichtlich Europa's und Amerika's aber müßte man entweder allein Asien als das vermittelnde, zwischen inneliegende Gebiet berücksichtigen oder man müßte im Anschluß an verschiedene Forscher an das frühere Vorhandensein eines großen Landes denken, welches vom Osten Nordamerika's sich bis nach Irland hin erstreckt haben soll. Dies zur Tertiärzeit noch mit Pflanzen manigfaltiger Art bedeckte, von Thieren belebte Gebiet, welches später wieder von der Erde verschwand, wird öfters mit der altgriechischen Sage von der versunkenen Atlantis in Beziehung gebracht. Jedenfalls aber haben Migration und Isolirung (S. 104 ff.) schon vor Menschengedenken viel dazu beigetragen, Thierformen in den oben erwähnten Gegenden zu verbreiten und zu erhalten, bevor die heut wahrnehmbare Umgestaltung des Erdganzen auch in ihrer dortigen örtlichen

Ausdehnung sich einleitete und weiter vollzog. Dann aber konnte die allmählich statthabende Neubildung (S. 139) des Erdbodens und der Wassergebiete in jenen Gegenden der natürlichen Zuchtwahl zur Entwicklung sich verändernder Lebewesen einen Spielraum gewähren, dessen Vorandauer freilich unserer Berechnung in Zahlwerthen spottet. Hier konnte die Umbildung der quaternären in die **jetzige**, derselben nicht fernstehende Thierwelt, vor sich gehen.

In Brasiliens mineralreicher Provinz Minas Geraës finden sich zwischen den Flüssen Das Velhas und Paraopeba im kalkigen Gesteine viele Höhlen, in denen zahlreiche Säugethierknochen vorhanden sind. Lund und Claussen bemerkten darunter Reste von 115 unter 58 Gattungen vertheilten Arten. Dabei sind viele zum Theil riesige Formen von Wenigzähnigen (Edentata), ferner Zitzenzahn-Elephanten, Tapire, Bisamschweine (Dicotyles), Pferde, Lamas, Antilopen, katzenartige Raubthiere von Formen der Panther, Kuguare, Geparden, Dolchzähner (Machairodus) u. s. w. Unter den hier vertretenen hundeartigen Raubthieren waren der noch heut existirende Fuchs des Azara (Canis Azarae) und nahe Verwandte (vielleicht nur ältere, ausartende Individuen) desselben, eine Art Wolfshund (Canis lycodes), ein sehr stark bewehrter Schakal u. dgl. m. Auch die Rüsselbären oder Coatis des heutigen Amerika, die Beutelratten, eine Menge von Nagern, Fledermäusen und Affen fanden sich hier durch Formen vertreten, welche den heut in Brasilien existirenden durchaus gleichen, ihnen verwandt sind, oder aber auch von ihnen abweichen. So haben wir hier eine Thierwelt, die zum Theil ausgestorben ist, zum Theil sich jedoch mit ihren Zweigen selbst in die Jetztwelt hineinerstreckt. Auch hier vermögen wir einen Zusammenhang zwischen quaternären und heutlebenden Formen festzustellen. Allerdings waren die älteren Formen mannigfaltiger gegliedert als die gegenwärtigen, eine gewisse Veränderung in den Typen erkennen lassenden.

Einige Verwandtschaft mit diesen Höhlenthieren Brasiliens hatten auch diejenigen Säuger, deren Reste zur Zeit die Anschwemmungen der Pampas in den Freistaaten Uruguay und Argentina decken. Freilich gibt es unter den letzteren wieder eine große Mannigfaltigkeit der Bildung. Hier zeigen sich die Reste colossaler Gürtelthiere mit felsenharter Panzerung durch dicke Knochenschilder, diejenigen von Wasserschweinen, von riesigen, mit ungeheueren Krallen bewaffneten Faulthieren, Elephanten mit Zitzenzähnen (Mastodon), von Pferden, Lamas, Hirschen, sonstigen zum Theil sehr sonderbaren Wiederkäuern, von Nagethieren, Beutelthieren und Fledermäusen. Unter ihnen erkennen wir die Gattung Macrauchenia, ein mächtiges Thier, in dessen Bau sich mehrere andere Formen, der Tapir, das Lama und Anoplotherium (S. 130) zugleich verkörperten. Toxodon war ein dem Nashorn, Flußpferde, Elephanten im Körperbau, den Wenigzähnigen und Nagern im Zahnbau, den Walthieren in Lagerung der Naslöcher, ähnelnder Dickhäuter. Die meisten dieser Geschöpfe sind jetzt erloschen. Andere Säugethiere aber drängen sich heutzutage zwischen den verworrenen Gehegen von Disteln, Kactus, Akazien, Riesen-Silbergras, Braunwurz, Eisenhart, Portulak, Männertreu und sonstigen einheimischen oder eingedrungenen Gewächsen der Pampas in Argentinien und Patagonien. Mit dem dreizehigen Strauß flieht in Compagnieschaft das scheue Guanaco oder echte wilde Lama vor nahender Gefahr. Die Hürden eingebürgerter Merino-Woll- und britischer Fleischschafe berauben der gemähnte Wolf, die schön gefleckte Unze, der silberfarbene, mähnenlose Löwe oder Kuguar. Weithin erdröhnt die Erde unter dem Getrampel verwilderter andalusischer Rosse und Rinder, welche der wohlberittene Gaucho zu Paaren treibt, um sie auf den Saladeros oder Schlachtplätzen zu tödten, in den anstoßenden Fabriken aber zu Ledermaterial, Hornmaterial, Dörrfleisch und Liebig'schem Fleischextract verarbeiten zu lassen! Nur wenige kleine Nachkommen der Riesenfaulthiere und Riesengürtelthiere, die Ay's, Tatus, Armadillos, Pichiciegos, fristen jetzt ihr Dasein in den spärlichen Laub- und Araucariengehölzen, den Felsenspalten und Erdlöchern Chile's und der La Plata-Länder. Hier ist die Umwandlung von Form zu Form keineswegs in dem Maße ersichtlich, als in den Knochenhöhlen Brasiliens, wie wohl auch in der Pampa nicht *jedes* Bindeglied zwischen Sonst und Jetzt fehlt.

IV.

Ueber die Abstammung unserer Hausthiere.

Unter Hausthieren versteht man gewöhnlich die in den Hausstand des Menschen übergeführten Thiere, welche sich in diesem Lebenszustande fortpflanzen.

Ganz genau entwickeln läßt sich freilich dieser Begriff nicht. Es sind nämlich unsere, die Fortpflanzungsfähigkeit der Thiere in der Gefangenschaft betreffenden Untersuchungen noch keineswegs zum Abschlusse gelangt. Einige Bastarde oder Mischlinge welche z. B. gleich dem Maulthiere und Maulesel wirkliche Hausthiere sind, zeigen eine mindestens nur beschränkte Fortpflanzungsfähigkeit. Manche ziehen die Entscheidung der Frage, ob ein von den Menschen gezähmtes und gehaltenes Thier als Hausthier zu betrachten sei oder nicht, in den Bereich wirthschaftlicher Abschätzung. Unweigerlich erklären sie das Rind, Schaf, Pferd, den Hund, die Katze u. s. w. für Hausthiere, nehmen aber Anstand, diesen z. B. den Kanarienvogel, Wellenpapagei, Goldfisch und Seidenspinner anzureihen. Und dennoch pflanzen sich diese Thiere in der Gefangenschaft fort, sie dienen, wie so manche als solche unangefochtene Hausthiere, z. B. Hunde,

Katzen u. s. w. nicht nur zur Ergötzung der Familiengenossen, sondern auch zu deren Nutzen, als Gegenstände der gewerbemäßigen Züchtung, des Verschleißes u. s. w.

Ich selbst möchte den Begriff des Hausthieres in möglichst erweiterter Form erörtern. Ich rechne dazu die Katze, den Hund, das Frettchen, Kaninchen, Meerschweinchen, Pferd, den Esel und die Eselbastarde, das Hausschwein, Rind, nebst Verwandten (Zebu, Banteng, Yak u. s. w.), den Büffel, die Hausziege, das Hausschaf, die Kameele (Trampelthier und Dromedar), das Lama und seine Abarten (Guanaco, Alpaca, Vicuña), das Rennthier, Haushuhn und seine Verwandten (Puter, Pfau, Perlhuhn, Fasan), die Taube, Ente, Gans, den Schwan, den Kormoran oder die Scharbe (China), den Kanarienvogel, Wellenpapagei, den Goldfisch, den langflossigen chinesischen Labyrinthkiemer (Macropodus), die verschiedenen Seidenraupen und Bienen.

Die Zahl dieser Thiere kann sich, Dank unseren von Tag zu Tag sich verbessernden Verkehrsverhältnissen, Dank unseren so vielfach verkannten und geschmäheten, aber doch höchst interessanten und zum Theil auch recht nützlichen Acclimatisationsversuchen mit fremden Formen, noch beträchtlich mehren.

Die Frage, woher stammen denn unsere Hausthiere? ist im Laufe der Zeit einer vielseitigen und viele Gegensätze hervorrufenden Erörterung unterworfen worden. Früher begnügte man sich gern mit der naiven Vorstellung, der liebe Gott habe uns jene Geschöpfe für unseren Bedarf von Olims Zeiten her zurecht gemacht. Daher findet man denn auch in älteren bildlichen Darstellungen des Paradieses das Schwein von rheinländischer Zucht in trauter Gemeinschaft mit dem spanischen Hühnerhunde, der Karthäuser Katze, der Holländer Kuh und dem andalusischen Rosse. Daneben dann den Adam vom Aeußeren eines vierschrötigen Vlamländer Schifferknechtes und die Eva so schlank und blond, wie ein frisch aus dem Bade gestiegenes Töchterlein biederer norddeutscher Eltern.

H. v. Nathusius, vorzüglicher Zoologe und zugleich einer der bedeutendsten Kenner ökonomischer Verhältnisse, meint, daß der Hausthierstand möglicherweise eine besondere specifische Eigenschaft oder Qualität sei, nicht eine ausgebildete, so gut wie das Leben der Thiere im Wasser oder auf Bergen, im Walde oder in der Steppe eine besonders innewohnende Eigenschaft, nicht aber eine ausgebildete sei. Der Sinn, nach welchem der Mensch nicht ein allmählich höher entwickeltes Thier, sondern ein Geschöpf sei, dem der Athem Gottes eingeblasen, diesem Sinne könne die Vermuthung nichts Fremdartiges haben, daß es Thiere gebe, welchen bei ihrer Erschaffung nicht etwa die Fähigkeit gegeben worden sei, sich zähmen zu lassen, sondern welche in einer anderen näheren Beziehung auf den Menschen geschaffen seien, als die übrigen Thiere, welche, mit einem Worte, nicht zu Hausthieren, sondern als Hausthiere geschaffen seien. Nathusius glaubt ferner, daß die Annahme, die Hausthiere stammten von dieser oder jener wilden Thierart ab, nicht bewiesen sei und nicht zu beweisen sein werde. Von keinem einzigen Hausthiere im engeren Sinne des Wortes sei der Ursprung zuverlässig bekannt. Behauptungen und Vermuthungen über den Ursprung der Hausthiere gebe es in großer Menge, genaue Beobachtungen wenig. Mancher, der an derartige Betrachtungen ohne ausreichendes Material herangetreten, sei schnell damit fertig geworden, gewisse wilde Thiere als die Stammväter unserer Hausthiere zu bezeichnen u. s. w. C. Vogt, H. Settegast und Andere sind gegen diese Ideen aufgetreten. Ersterer bemerkt, daß der Mensch in vollkommen geschichtlich beglaubigter Zeit wilde Arten sich gezähmt und dieselben zu Hausthieren umgeprägt habe. Settegast sucht nachzuweisen, daß die Hausthiere aus wilder Stammform allmählich der Herrschaft des Menschen unterworfen worden. Er spricht sich gegen die Hypothese aus, nach welcher aus dem Schöpfungsacte wie der Mensch so auch ursprünglich das fertige und seinem Willen unterworfene Hausthier hervorgegangen sein solle.

Als ich im Jahre 1859, ein noch sehr junger Mann, afrikanischen Boden betrat, war ich mir der Wichtigkeit der Hausthierfrage nicht nur im Allgemeinen für die Kulturgeschichte, sondern auch speciell für die Thierkunde vollstens bewußt und zwar dies nicht durch fremde Anregung, sondern aus eigener Urtheilsweise. Der erste Besuch in einem altägyptischen, mit Malerei und Bildwerk geschmückten Grabe zu Memphis, der erste Ausflug in ein ägyptisches Dorf lehrten mich, Afrika, das alte Festland, welches schon Zeuge hoher, Tausende von Jahren hindurch in Blüthe gestandener Kultur gewesen, müsse mit seiner grandiosen, mannigfaltigen Thierwelt ein für die Fragen nach dem Ursprunge, nach der Variabilität und Züchtungsart der Hausthiere besonders günstiger Boden sein. Jeder Schritt nach Süden, weiter, immer weiter nach Süden hin bestärkte mich in dieser Voraussetzung. Ohne damals auch nur ein Sterbenswort von Ch. Darwin's Bestrebungen zu wissen, gewann ich die Ueberzeugung, daß alle Hausthierformen von wilden abstammen müßten; daß die Variabilität sehr vieler eine schrankenlose sei und daß alle früheren Annahmen von einer Formbeständigkeit der sogenannten Hausthierarten und Hausthierrassen als irrige zu verwerfen seien. Ich brachte schon damals meine Ansichten, allerdings nur skizzenartig, an verschiedenen Stellen unter die Presse. Hier möge nun Manches davon zur ausführlicheren Erörterung gelangen.

Die Zähmung der Hausthiere beginnt zugleich mit dem ersten Auftreten des Menschen. In Europa war dieser bereits Zeitgenosse vieler jetzt erloschener Thiere. Manche Forscher wollten den Menschen schon in der Tertiärzeit auf der Weltbühne erscheinen lassen. Andere indessen erklärten sich damit nicht ohne Weiteres einverstanden, mahnten vielmehr hinsichtlich jenes angeblichen Tertiärmenschen zur Vorsicht oder wollten ihn schon wieder für immer begraben wissen.

Sicherer aber ist die Existenz des diluvialen, des quaternären Menschen. Bei uns war er ein roher mit Waffen von Stein, Knochen und Horn ausgerüsteter Jäger. Er sah viele wilde Thiere um sich, welche wir als Vertreter der quaternären Fauna kennen gelernt haben, z. B. das Mammuth, das Nashorn mit knöcherner Nasenscheidewand, den Riesenhirsch, Urstier, das Wisent, den Höhlenbären, die Höhlenhyäne u. s. w. Wir finden in Höhlen u. dgl. aufgeschlagene Knochen von mancherlei Wild, welche mit der noch den Eckzahn tragenden Unterkinnbackenhälfte eines Höhlenbären gespalten worden sind. Letztere Stücke bildeten einen zwar urthümlichen, aber wirksamen Hammer. Dann wieder erkennen wir Knochen erlegter oder geschlachteter Thiere, an denen sich deutliche Spuren der Bearbeitung mit jenen rohen Instrumenten zeigen, wie sie nur dem urthümlichen Menschen zur Verfügung standen. Auch Brandmale sind an manchen Knochen erkennbar. Man entdeckte u. A. im Thale von Solutré, Saône-Gebiet, die Knochen vom Mammuth, Ur, Höhlenbären, Wolf, Fuchs, Luchs, von der Höhlenhyäne, dem Rennthiere, Pferde, dem Murmelthiere. Damit vermischt waren die Lanzen- und Pfeilspitzen, Arte, Sägen und Keile aus Feuerstein und aus anderem Gestein, Wirtel aus Serpentin, Knochenahle u. s. w. Viele der Knochen, der Bären- und Wolfszähne waren mit Einschnitten versehen. Auch an Stücken Rennthiergeweihes zeigten sich künstliche Einschnitte u. s. w. Menschliche Schädel vervollständigten diese Funde.

In der Höhle von Veyrier (Haute-Savoie) am Petit-Salève, unfern Genf, wurden Reste des Menschen, Dachses, Pferdes, Rennthieres, Hirsches, Steinbockes, Ures, Kaninchens, Alpenhasen, Murmelthieres, Schneehuhnes im Verein mit Feuerstein- und Knochengeräthen u. s. w. aufgescharrt.

Die sogenannten Kjökkenmöddinger oder Küchenabfälle, die von Schalen der Muscheln, namentlich Austern, Herz- und Miesmuscheln, starrenden Abraumhaufen, welche sich an verschiedenen Orten Dänemarks zeigen, gehören einem

Zeitraume an, während dessen der Wilde ebenfalls mit Feuerstein-Speeren zur Jagd zog. Man fand unter dem Abraum dieser vorgeschichtlichen Stätten eine Unmasse von Eber-, Ur-, Reh- und Hirschknochen, unverkennbare Reste sehr ergebnißreicher Jagden. Ferner Knochen des in Dänemark ausgestorbenen Bibers, der gelbkehligen oder Waldmaus, des Seehundes, Meerschweines, der Wildkatze, des Luchses, Fuchses, Wolfes, Löwen, Marders, Otters, des Haushundes. Letzterer war das einzige Hausthier dieser Stätten. Sehr häufig sind hier auch die Knochen des jetzt nur noch auf Grönland beschränkten Papageitauchers (Alca impennis) anzutreffen, ferner die Knochen des in Dänemark ausgestorbenen Auerhahnes.

In mit Torf, Baumstämmen, Moos u. s. w. ausgefüllten Bodenvertiefungen Dänemarks, in den sogenannten Skov-Mosen oder Waldmooren, findet man Ueberbleibsel ehemaliger Kiefern-, Eichen- und Birkenwälder. Mitten zwischen Kiefernadeln und dergleichen enthaltenden Kothballen erkannte man hier Knochen von Ur- und Auerhahn nebst mancherlei Steingeräthen.

Der vorgeschichtliche Mensch hat uns aber nicht allein die Reste seiner Jagden und Mahlzeiten, sondern auch bildreiche Darstellungen der von ihm beobachteten und gejagten Thiere hinterlassen. Wilde und Halbwilde haben oft großes Geschick, die Formen der sie umgebenden Natur in zwar roh gezogenen, aber doch eine schlagende Charakteristik treffenden Linien wiederzugeben. So die alten Höhlenbewohner Nord-, die Buschmänner Südafrikas, die Indianer, Tschuktschen, Kuriler, Nikobarer u. s. w. Namentlich gut verstanden dergleichen die Alteuropäer.

Wir finden von diesen angefertigte, auf Geweih und Knochen ausgeschnitzte Figuren von Steinböcken, Rennthieren, Moschusochsen, auf Knochen, Geweih, Schiefer u. s. w. eingeritzte vom Mammuth, Rennthier, Bär, dem Fuchs, dem Pferd u. s. w., welche uns bei aller Rohheit des Details durch knappen, naturgetreuen Umriß in Erstaunen versetzen. Man hat hierbei viel von stattgehabten Fälschungen und plumper Scherzmacherei geredet. Wer aber genaue Nachbildungen und Abdrücke jener oben bezeichneten Darstellungen noch jetzt lebender Wilder oder gar dergleichen in Natur gesehen, wird sich von vornherein wenig geneigt fühlen, betreffs der alteuropäischen Darstellungen ohne Weiteres auf Fälschung zu erkennen. Auch sind diese Dinge großentheils unter Umständen aufgedeckt worden, welche oben beregten Verdacht ausschließen.

Die Urbewohner Nordamerikas, die sogenannten Indianer, scheinen mit verschiedenen, in ihren Gebieten erloschenen Formen von Rüsselträgern noch zusammengelebt zu haben. Schwerlich zwar mit jenen eocänen Ungeheuern, den Dinoceraten, welche durch die Sonderbarkeit ihres Baues unser Erstaunen erregen, wohl aber mit echten, zu letzteren vielleicht in verwandschaftlichem Verhältniß stehenden Elephanten. Noch jetzt sieht man dergleichen unter den die Tempelruinen von Palenque u. s. w. schmückenden Bildwerken, auf altmexikanischen Malereien u. s. w. dargestellt. Die Sagen der nord- und mittelasiatischen Völker von mancherlei Ungeheuern fußen jedenfalls auch auf dunkler Kunde vom gleichzeitigen Vorkommen der Menschen und erloschenen Quarternärformen. An solche

Darstellungen knüpft sich eine Ueberlieferung von Hue-hue-tlapallan, dem Ursitz der mexicanischen Stämme.

Unsere Altvordern haben sich um die Zähmung wilder Thiere und deren Ueberführung in den Hausstand sehr verdient gemacht. Ich gebe nun zu, daß manche Säugethiere, Vögel u. s. w. ihrer ganzen Natur nach sich besser dazu eignen, in den ständigen Dienst des Menschen zu treten, wirkliche Hausthiere zu werden, als viele andere.

Indeß erkenne ich doch auch an, daß die Zähmbarkeit der wild lebenden Thiere weit größer ist, als man nach altem Brauch gewöhnlich anzunehmen geneigt war. Ungemein viel kommt bei der Thierzähmung auf die Art und Weise an, in welcher mit den zu bändigenden Geschöpfen umgegangen wird. Es erfordert der Verkehr zwischen Mensch und Thier viel Geschick und bedeutende Ausdauer. In dieser Hinsicht ward seit Alters Vieles verabsäumt. Man suchte häufig Thiere zu zähmen, brachte sie auf einen hohen Grad von Angewöhnung an den Menschen und an menschliche Verhältnisse, setzte aber leider derartige Versuche nicht mit der nöthigen Ausdauer, womöglich durch Geschlechtsfolgen fort. Oftmals diente die sehr gelungene Zähmung einer wilden Bestie nur dem vergänglichen Zwecke der Befriedigung eines persönlichen Vergnügens Mächtiger und Privater, dem industriellen einer Ausstellung in Schaubuden, auf der Rennbahn einer Kunstreitertruppe u. s. w.

Man unterscheidet von den Hausthieren gewöhnlich die *domesticirten* oder solche Thiere, welche sich in der Gefangenschaft *nicht fortpflanzen*. Indessen ist diese

Grenze, wie schon S. 154 angedeutet worden, nicht immer scharf zu ziehen. Aber die Geschichte domesticirter Thiere lehrt uns doch ganz wunderbare Beispiele von Zähmbarkeit, von Angewöhnbarkeit der wildesten, scheinbar nicht zu bändigenden Thiere kennen. Oefters z. B. gelang es, Geschöpfe aneinander und zugleich an den Menschen zu fesseln, welche sonst im ewigen gegenseitigen Kriege leben. So erzählt ein anziehendes, 1830 in London erschienenes Werkchen, die „Menagerien" betitelt, von einem gewissen J. Austin, welcher damals an der Waterloo- und Southwark-Brücke in einem Käfige zusammen Ratten, Mäuse, eine Katze, ein Kaninchen, Meerschweinchen, einen Habicht, eine Eule, Taube, einen Staar und Sperling ausstellte, Thiere, welche sich des traulichsten Beisammenseins erfreuten. Der vortreffliche Züchter und Kenner K. Hagenbeck zu Hamburg bot mir neulich den interessanten Anblick dar, in einem Raume zugleich einen Löwen, eine gefleckte Hyäne, einen Hund und einen Bärenpavian in ergötzlicher Weise mit einander wohnen, spielen und fressen zu sehen. Diese Geschöpfe waren zur Zeit noch jung. Hagenbeck theilte mir aus seinen reichen, durch andere Kenner bestätigten Erfahrungen mit, daß bei solchen Versuchen nur der Anfang schwer sei, daß sich später jedoch Alles von selber mache.

In den Negerhütten des waldigen Sudan, in den einsamen Rancherias und Malhocas (Niederlassungen) der die Subandinen von Peru und Bolivia, Gebiete des Orenoco, Amazonas, Magdalena und Plata bewohnenden Indianer lernt man staunenswerthe Ergebnisse der Domestication kennen. Diese streifen oft sehr nahe an eine völlige Ueberführung in den Hausstand heran. Ich will nicht von den reinen Luxusthieren solcher Leute, den Affen, Rüsselbären, Wickelbären, Gazellen, Antilopen, Papageien, Schildkröten u. s. w. sprechen, aber ich will einige Beispiele höchst gelungener Domestication in volkswirthschaftlicher Beziehung nützlicher Thiere anführen. So zähmt man in Aegypten und Nubien das gewöhnliche Ichneumon (Herpestes Pharaonis) und den Marder (Mustela subpalmata), einen Verwandten unseres kleinen Wiesels, behufs des Mäusefangens. Bei uns sowohl als auch in den Strohhütten von Sennar hält man Igel (Erinoceus europaeus, aethiopicus, libycus) zu gleichem Zweck. Die alten Aegypter bereits bildeten Leute ab, welche zahme Igel zu Markte bringen. Die Zibethkatze (Viverra) wird in verschiedenen Gegenden Afrika's in Käfigen gehalten und durch Necken dahin gebracht, daß sie aus Angst oder Zorn das als Geruchs- und Nervenmittel gesuchte Absonderungsprodukt ihrer Afterdrüsen, den Zibeth, von sich giebt. Sie pflanzt sich in der Gefangenschaft nicht regelmäßig fort, stirbt vielmehr öfters aus und wird durch frisch eingefangene wilde Individuen ersetzt. Der schlanke mit ausgeprägtem Katzenkopf und nur wenig zurückziehbaren Krallen versehene Gepard (Cynaelurus jubatus) dient in Indien zur Gazellenjagd. Auch in gewissen Gegenden Afrika's soll dies unschwer zähmbare Geschöpf zu gleichem Zwecke benutzt werden. Man fängt die abzurichtenden Individuen frisch ein, züchtet sie aber auch zuweilen familienweise. In den Vor- und Hochgebirgen Südamerikas leben die Wollmäuse oder Chinchillas (Eriomys), deren schönes weiches Pelzwerk bei uns für Muffen, Boas, Kragen, Rockfutter u. s. w. sehr begehrt

Fig. 12. Warzenschweine (Phacochoerus Aeliani). Nach dem Leben gezeichnet von H. Leutemann.

ist. Diese Thiere werden gejagt, zum Theil mit Hilfe gezähmter Wiesel (Mustela agilis), aber auch häufig als saubere zutrauliche Geschöpfe domesticirt gehalten.

In Innerafrika wird zuweilen das Pinselohrschwein (Potamochoerus penicillatus, siehe Fig. 9, S. 138) eingefangen und domesticirt. In solchem Zustande scheint es bereits vor Jahrhunderten nach auswärts gebracht worden zu sein. Seltener ist aber die Domesticirung des eines sehr wilden Naturells theilhaftigen Warzenschweines (Phacochoerus), trotzdem auch sie hier und da mit Erfolg unternommen wurde. In der Gefangenschaft entwickelten nämlich diese im Freileben so bösartigen, wehrhaften Geschöpfe zuweilen eine nicht unbeträchtliche Zutraulichkeit, u. A. im zoologischen Garten zu Berlin, wo ich sie oft besucht und ohne schlimme Zufälle gestreichelt, gezwickt und sonstwie geneckt habe.

Der sehr wilde afrikanische sogenannte gemalte Steppenhund (Canis pictus) scheint von den alten Aegyptern gelegentlich gezähmt und zur Jagd abgerichtet worden zu sein. Dies besagen uns wenigstens sehr schöne bildliche Darstellungen im Grabe des Ptahosep zu Sagarah (Memphis). Livingstone erfuhr, daß dasselbe auch von Seiten der Balala in der Kalahari-Wildniß geschehen sei. In der Umgebung von Whiskey Hill bei Milton, Californien, wurden vor einigen Jahren Schafe von drei dazu abgerichteten Füchsen gehütet. Der eine war ein grauer Fuchs, die beiden anderen waren Rothfüchse. Aufmerksame Beobachter behaupteten, daß die Thiere an Intelligenz den geschicktesten Schäferhunden nicht nachstünden. Der graue Reinecke übte eine Art von Oberaufsicht über seine beiden rothen Vettern und man erzählte sich von ihnen einzelne Züge der überraschendsten Art.

Prinz Maximilian von Neuwied sah in der Plantage Inuà in Brasilien mitten unter Hühnern, Putern, Perlhühnern und europäischen Gänsen auch Moschusenten (Anas moschata), welche hier ein halbwildes Leben führten, zuweilen ausflogen und wiederkamen. Dies Thier, in Brasilien und Paraguaywild, wird gern gezähmt und ist auch bei uns eingebürgert. Man hält es zum Theil als wirkliches Hausthier. In seiner Heimath domesticirt man dasselbe auch und ersetzt alte abgängige Exemplare durch frisch eingefangene wilde. Letzteres erzählte mir ein später im Gefolge des tapferen Oberst-Kommandanten Leandro Gomez, beim Gemetzel zu Paysandu (1866) umgekommener Schweizer.

Die Ureinwohner des Amazonenstromgebietes haben mehrere Vogelarten domesticirt, so die Agami- oder Trompetenvögel (Psophia crepitans, Psophia leucoptera), Mutúms oder Hoccohühner (Crax, Urax), die Cujubis (Penelope), selbst Ibise u. s. w. u. s. w. Auch diese Vögel müssen zuweilen aus dem wilden Zustande erneuert werden, da sie nicht oft fruchtbare Nachkommenschaft erzeugen (Martius).

Ich frage nun, wo ist in solchen und in ähnlichen Fällen eine strenge Grenze zwischen Hausthieren und sogenannten domesticirten Thieren zu ziehen? Wo häufig eine Grenze zwischen einfacher Zähmung und Domesticirung?

Viele Hausthiere und domesticirte Thiere verwildern leicht wieder. Solche von ihren Herren verlassenen Geschöpfe bestehen schwere Kämpfe um ihr Dasein. Die von den Spaniern und Portugiesen nach Südamerika gebrachten Rinder und Pferde haben einen so gut wie wilden Zustand angenommen und sich in diesem in wahrhaft riesigem Umfange vermehrt. Dies ist selbst auf den unwirthlichen Falklands-Inseln der Fall gewesen. Auch in den Skrubs oder schwer durchdringlichen Buschdickungen des australischen Festlandes hausen verwilderte Rinder. Hunde, Katzen, Ziegen und selbst Schafe verwildern leicht, sobald sie sich selbst überlassen bleiben. Die sogenannten Pariah- oder herrenlosen Hunde sind ein nicht unnützlicher Zubehör der orientalischen Städte, in denen sie einen Theil des öffentlichen Reinigungsdienstes versehen. Manche, welche die Abstammung der Hausthiere von wilden Formen nicht anerkennen wollten, erklären die von uns und Anderen für wilde Stammväter der Hausthiere gehaltenen Arten freiweg für verwilderte Hausthiere. Ihnen gelten z. B. der wilde Wüstenesel Nord-Afrikas, das sennarische Wildschwein, die wilde kleinpfötige Steppenkatze höchstens als verwildert. Mit solchen theils allzu skeptischen, theils die Thatsachen in willkürlicher Weise sich auslegenden oder sogar verdrehenden Geistern ist natürlich nur schwer zu rechten.

Ich will nun in Folgendem eine möglichst gedrängte Geschichte unserer hervorragendsten, für die Thierproduction, überhaupt für die gesammte Volkswirthschaft wichtigeren Hausthiere zu skizziren versuchen.

Ich beginne mit der Katze (Felis domestica). Ihre Ueberführung in den Hausstand ist verhältnißmäßig jungen

Datums. In alten Höhlenfunden, Küchenabfällen, auf Pfahlbauten und in anderen Stätten uralter menschlicher Thätigkeit zeigen sich höchstens Reste der Wildkatze unserer Forste. Letztere wird aber nicht für das Stammthier unserer Hauskatze gehalten. In Aegypten war dies Hausthier schon vor Alters heilig und wurde dasselbe einbalsamirt. Katzengräber mit vielen Mumien dieser Geschöpfe fanden sich zu Bubastis. Die hier, in Nubien und Sudan gezüchtete Hauskatze stammt ohne Zweifel von der daselbst wildlebenden kleinpfötigen Katze (Felis maniculata) ab. Erst Aristoteles und Plinius erwähnten dieses Geschöpfes. Man glaubt, daß unsere Hauskatze, ebenfalls ein Abkömmling der afrikanischen, mit der Verbreitung der zuerst von dem geistlichen Naturkundigen Albertus Magnus im 13. Jahrhundert genannten Hausratte aus dem Orient nach Europa gelangte. Früher bediente man sich vielfach abgerichteter Wiesel und Marder zum Mäusefangen. Die Hauskatze variirt ungemein. Unzählige Rassen haben sich gebildet. Darunter sind die prächtigen feinhaarigen Karthäuser- und Angorakatzen weltberühmt. Einige wollen die Abstammung der Angora- und persischen Katze von der Manul Innerasiens ableiten. In Petscheli, China, haben viele Katzen Hängeohren. Es giebt auch ganz kurzgeschwänzte Katzen, z. B. zu Triest, auf der Insel Man u. s. w. Hauskatzen verwildern leicht und erzeugen in diesem Zustande mit der Wildkatze und mit anderen freilebenden Formen Bastarde von verschiedenartigem Grade der Fruchtbarkeit.

Die alten Aegypter haben ohne Zweifel auch die Kaffer- oder gestiefelte Katze (Felis caligata) und den

Sumpfluchs (Felis chaus) domesticirt und ihre Mumien nebst denen von Hauskatzen zu Bubastis begraben.

Das Frettchen (Mustela furo) stammt aus Nordwestafrika. H. O. Lenz hält es mit Recht nur für eine Albinoform unseres Iltis. Dieser ist auch ein Bewohner der Berberei. Wild ist das Frett niemals gefunden worden. Es wurde schon unter Augustus nach Europa gebracht, um auf den Balearen die daselbst in Ueberzahl vorhandenen Kaninchen vernichten zu helfen. Jetzt findet man es zerstreut in verschiedenen Gegenden Europas. Es dient, wie auch zuweilen der Iltis, zum Kaninchenfang. Letzterer war im Mittelalter unter dem Namen Illitiso und Ratzo, Ratz, bekannt.

Der Hund. Sehr schwierig zu enthüllen ist die Urgeschichte dieses treuesten Begleiters des Menschen. Er tritt bereits früh in die Erscheinung. In den Pfahlbauten der Schweiz fanden sich, nach Ruetimeyer, Reste eines unserem Wachtelhunde ähnlichen Köters vor. Jeitteles stellte auch eine Aehnlichkeit zwischen Torfhund, Spitz- und Dachshund fest. Unbezweifelbare Nachkommen solcher Thiere sollen noch jetzt in der Schweiz und in Bayern leben. Naumann freilich hält den Dachshund für eine abweichende Form dunklen Ursprunges. Den Dächsern ähnliche kleine Hunde mit gestrecktem Rumpfe, kurzen Beinen, länglichen spitzigen aber gerade emporgerichteten Ohren, spitziger Schnauze und gerade gestrecktem Schwanze, von hellbrauner, dunkel gefleckter Farbe finden sich in den aus der Zeit König Oportasen's stammenden altägyptischen Denkmälern. An sie erinnern die etwas hochbeinigeren Hunde der innerafrikanischen menschenfressenden Niam-

Niam und gewisse Hunde der Loango-Küste. Sicher ist aber, daß zwischen Wachtelhund, Spitz- und Dachshund eine nähere Verwandtschaft herrscht.

In der Bronzezeit Europas erscheint ein Hund, der bald schlanker, windspielähnlicher war, bald mehr mit unseren Hühner-, Parforce- und Schweißhunden übereinstimmte (Naumann).

Auf den altägyptischen Denkmälern finden sich, abgesehen von jenen dächserähnlichen Hunden noch folgenderlei Rassen mit großer Naturtreue dargestellt: 1) Eine unserem Schäferhunde ähnliche grobe Windhundrasse von mittlerer Größe mit mäßig langen spitzigen Ohren, spitzer Schnauze, leicht aufwärts gebogenem, zuweilen aufwärts oder seitwärts eingerolltem Schwanze, großtentheils fahlgelb von Farbe, zuweilen aber auch mattgraugelb und dunkelbraun gefleckt. Man hielt diese unscheinbaren Thiere als Hofhunde in Städten und Dörfern, vorzüglich Mittel- und Unterägyptens. 2) Züchtete man besonders in der Thebaide eine etwas edlere, schlankere Rasse von gleicher sonstiger Beschaffenheit. 3) Hielt man schöne schlanke Windhunde. Diese hatten an ihrem Grunde breite, oben spitz zulaufende Ohren mit entweder umgeklappter oder gerade emporgerichteter Spitze. Die Schnauze war dünn und spitz, der Schwanz bald gerade, bald leicht umgebogen, bald aufwärts eingerollt. Die Farbe war hellgrau, fahlgelb oder auch weiß mit verschiedenartigen Flecken. Man benutzte diese edlen Thiere zur Jagd, namentlich auf Antilopen. 4) Jagdhunde mit herabhängenden Ohren, ähnlich unseren Vorstehhunden.

Noch jetzt trifft man in ganz Nord- und Mittelafrika

die schönsten Windhunde der altägyptischen Rasse. Sie haben bald steif aufgerichtete spitze Ohren (Fig. 13), bald

Fig. 13. Sennarische Beduinenknaben mit Hasenhund. Nach Aquarelle von Harnier.

hängen diese halb herunter (Fig. 14). Am reinsten zeigen sich diese als Solofänger vorzüglichen Geschöpfe bei den Beduinen des Sudan. In den Städten und Dörfern dagegen arten sie aus, werden sie plumper an Gestalt und struppiger in der Behaarung.

In Inner-Sudan züchtet man eine den altägyptischen schlappohrigen Jagdhunden ähnliche Rasse von Schweißhunden.

Die alten Assyrier bildeten einen großen, kurzohrigen

(wohl verschnittenen), doggenähnlichen Hund ab, welcher von ihnen u. A. zur Jagd auf wilde Esel benutzt wurde.

Fig. 14. Windspiel der Homran-Beduinen. Nach der Natur gezeichnet von H. Leutemann.

Berjeau meint nun, es könne das ein der von Turner in Tibet beobachteten, kolossalen Hunderasse ähnliches Thier gewesen sein. Eine andere große, langhaarige Rasse, deren plastischer Darstellung wir in den Trümmern von Ninive begegnen, ähnelt dem prächtigen armenischen und dem kurdischen Schäferhunde von Erzerum, Bajazid, Kars u. s. w.

Jeitteles, Naumann und Andere haben nachgewiesen, daß der Torfhund der Pfahlbauten von jenem kleineren Schakal abstamme, welcher in den mannigfaltigsten Varietäten Europa, Afrika und Asien noch jetzt bewohnt. Ich habe hier eine der niedlichsten und charakte-

Fig. 15. Strandschakal aus Abyssinien (Canis riparius).
Nach der Natur gezeichnet von H. Leutemann.

Fig. 16. Dib aus Nordostafrika nebst Jungem.
Nach der Natur gezeichnet von H. Leutemann.

ristischesten Formen dieses Thieres abbilden lassen (Fig. 15). Jeitteles ist nun der Meinung, daß die Bewohner der Schweizer Pfahlbauten entweder das schon gezähmte Thier aus Afrika gebracht oder was wahrscheinlicher sei, daß jener Schakal, der ja noch jetzt in Griechenland, der Türkei und auf der Insel Curzola in Dalmatien zu Hause sei, damals auch an den Südabhängen der Alpen gelebt habe.

Den Ursprung des Bronzehundes leiten Jeitteles und Naumann vom kleinen, in mehrere Unterarten zerfallenden Wolfe oder Wolfshunde (Canis lupaster, Dieba Anthus) ab. Zu diesem gehören u. A. der Dib Nordafrikas, der kleinere Wolf gewisser Gegenden Ungarns und Spaniens, der Coyote oder Prairienwolf (Fig. 11), der Yamaïnu von Japan und der australische Dingo. Letzterer wurde von oberflächlichen Berichterstattern ganz ohne Grund als ein zur Zeit der Entdeckung nach Australien verpflanztes Thier angesehen, allein es sind quaternäre Reste desselben gefunden worden, die sein Alter außer Zweifel stellen. Auch Neu-Seeland hatte schon in uralter Zeit, lange bevor der Fuß eines Europäers die Gestade seiner Schwesterinseln Te Wai Punamu und Te Ikanamaui betrat, ureingeborne Hunde, mit denen der damalige Mensch den nunmehr erloschenen straußartigen Riesenvogel Moa (Dinornis) jagte. Eine andere Art (Canis rutilans) ist das Hausthier der Eingebornen von Nordwestaustralien und Timor. Alte Berichte, wie z. B. Zend-Avesta, das Glaubensbuch der Perser und Tschu-kim, ein religiöses Werk der Chinesen, sind des Lobes des Hundes voll.

Stammt der Hund von einer einzigen oder von mehreren wilden Formen ab? Nicht wenige Forscher entschieden sich für die erstere Abstammungsweise, u. A. auch erst neuerlich der sehr verdienstvolle französische Zoologe und Paläontologe P. Gervais, welcher den Hund als Abkömmling einiger wilden Arten betrachtet. Darwin spricht sich in völlig ähnlicher Weise aus. Nach Meinung G. Cuvier's wäre die ganze Gattung des Haushundes in dem Dienst des Menschen aufgegangen. R. Hensel meint, daß der spitzköpfige, mit zugleich spitzen, aufrechten Ohren versehene Rehhund der Brasilianer (welchen übrigens schon Prinz Max von Neuwied recht gut zeichnete) aus den gewöhnlichen Hunden der Steppen oder Campos gebildet werde. Dies und Anderes spreche gegen die Annahme, daß die Hunderassen einen vielfachen Ursprung hätten, und daß die verschiedenen Rassen demnach zu verschiedenen Species gestempelt würden. Ich selbst aber verharre in der Ueberzeugung, daß der ägyptische Wolfshund, der Dingo oder kleine australische und der kleine europäische Wolf, der echte Schakal (Canis, Sacalius aureus), der Coyote (S. 149) der rothe Wolf oder Guara (Canis jubatus) Südamerika's, der wilde Hund, Kholsun, Dhole (Canis primaevus) Indiens (vielleicht auch der rothe schlanke Wildhund oder Kabberu Nordostafrika's [Canis simensis]) gezähmt und zum Theil in den Hausstand des Menschen übergeführt worden seien. J. G. St. Hilaire glaubt, daß der Hund der Buschmänner Südafrika's ein Abkömmling des Schakales sei. Der Krabbenhund oder Karasisi (Canis cancrivorus), ein sonst wildes Thier, war bei Ankunft der Spanier ein Haushund der antillischen

Eingebornen und wird in den Guyanas noch jetzt zur Aufbesserung solcher Thiere durch häufig eingeleitete Vermischung benutzt. Jede dieser schon im wilden Zustande zum fast schrankenlosen Variiren neigenden Formen konnte, war sie einmal in den Hausstand übergeführt, hier nach und nach unter der Wirkung der künstlichen Zuchtwahl viele neue Rassen erzeugen. Durch wiederholte Kreuzungen wurden dann Rassen gewonnen, welche, in der Größe unendlich verschieden, auch mannigfach von einander abweichende Gestaltungen annahmen. Nicht nur die Bedürfnisse des wirthschaftlichen Betriebes, die Absicht auf eine möglichst große Nutzbarmachung, übten übrigens ihren Einfluß zur Umprägung der Hunderassen aus, sondern auch die Einbürgerung nach anderen Ländern. Die Spanier z. B. brachten ihre schöne Dogge mit gelbem Körper und schwarzem Vorderkopf nach Südamerika und verwandten dort die auf den Mann dressirten Thiere beim Kriege gegen die Ureingebornen und zum Einfangen flüchtiger Sklaven. Auf Cuba entstand daraus die mächtige Casta, der vielberüchtigte Bluthund. Englische Hühnerhunde haben in einigen Theilen Australiens vollständig Boden gewonnen und ihre allerdings etwas ausgearteten Nachkommen sind die Lieblinge der sonst den unbändigeren Dingo (S. 176) züchtenden Schwarzen jenes Festlandes geworden (Fig. 17). In allen Ländern, deren urthümliche Verhältnisse früher eine strengere Abgeschlossenheit nach Außen und damit zugleich eine einfachere Gestaltung der wirthschaftlichen Existenz bedingten, haben unter Wirkung des gesteigerten Weltverkehres die Rassenkreuzungen des Haushundes eine vermehrte Bedeutung gewonnen.

Das Kaninchen. Eine wilde Form dieses anmuthigen und nützlichen Nagethieres lebt in Mittel- und

Fig. 17. Anwohner des Murray-Flusses mit ihren Hunden. Nach einer Photographie.

Südeuropa, auch in Britannien. Es gräbt Höhlen, Baue. Sehr vermehrt hat es sich auf den Inseln und Dünen längs der deutschen Nordseeküste. Selbst auf der Orkney-Insel Sanday wohnt es in großen Zahlen. Um 1842 fing man, wie Lenz berichtet, daselbst auf manchem Landgute jährlich an 3000 Stück. Knochen dieses Thieres fanden sich übrigens in schon alten Höhlen Englands (Kirkdale, Kent's Hole, Bery Head), Frankreichs (Lunel-Viel, Bergisson, im Rhone-Becken &c.), in der Knochenbreccie Corsica's, in einer Höhlenstätte zu Veyrier (S. 169) u. s. w. Gayot und Fatio erkennen unter den wilden Kaninchen Europas zwei verschiedene Formen (kaum wohl Arten) nämlich den Lapin de Garenne und den Lapin buissonier. Letzterer wäre als Stammthier unseres zahmen Kaninchens zu betrachten. Dieses ist jedenfalls aus dem wilden enstanden. Das muß übrigens schon vor Alters geschehen sein. Denn bereits Strabo erwähnt, die Balearenbewohner hätten einmal eine Gesandtschaft nach Rom geschickt und um ein anderes Land gebeten, da sie der sich üppig mehrenden Kaninchen nicht mehr Herr werden könnten. Derselbe alte Schriftsteller bemerkt nun, diese Kaninchen, deren Schädlichkeit auch Plinius gedenkt und die man schließlich mit Frettchen jagte, wären ursprünglich auf den Balearen nicht heimisch gewesen, sondern stammten von einem von der Küste herübergebrachten Paare ab. Es handelte sich also hier um gezähmte und wieder verwilderte Thiere. Denn Kaninchen verwildern in der That, sich selbst überlassen, vollständig und schlagen alsdann in die graue Färbung der wilden Stammart zurück. Porto Santo ist seit 1418 oder 20 durch Gonzales Zarco mit Kaninchen besiedelt, welche daselbst verwildert sind und sich kolossal vermehrten. Sie haben nach Darwin's Mittheilungen fast drei Zoll in der Länge und beinahe die Hälfte an Körpergewicht abgenommen. Sie sind wild und lebendig, weichen auch noch in mancher anderen Hinsicht von ihren Eltern ab. Wie sehr nun das Kaninchen im Zustande der Domestication variirt, wird Jeder erkennen, welcher einen auch nur flüchtigen Blick auf die Erzeugnisse namentlich der neueren Kaninchenzucht geworfen hat.

Das Meerschweinchen (Cavia cobaya) stammt angeblich ursprünglich aus Brasilien. Man vermuthete allgemein den Stammvater dieses possirlichen Geschöpfes in dem Preá oder Sandhasen der Brasilier (Cavia Aperea), der in seiner Heimath zuweilen gezähmt gehalten werden soll. Erst noch Godron sprach sich für eine solche Annahme aus. Allein Hensel bestreitet in Gemeinschaft mit Rengger einen derartigen Sachverhalt und ergiebt sich sogar der Vermuthung, daß das gemeine zahme Meerschweinchen aus Europa nach Südostamerika eingeführt worden sei. J. Geoffroy St. Hilaire aber erklärt sich eher für den Ursprung unseres Thieres in einer der Peru bewohnenden Arten. In der That berichtet bereits der in der Kunde Peru's so bewanderte Inca Garcilasso de la Vega vom „Coy“ als einem den Indianern dieses Landes schon seit den Zeiten vor der spanischen Eroberung theils als Hausthier dienenden, theils wildlebenden Geschöpfe. Demnach hätten wir vielleicht eine sehr alte Domesticirung des Meerschweinchens anzunehmen. Manche berufen sich bei Entwicklung ihrer Ideen über Artbeständigkeit ganz besonders gern auf diesen Gespielen unserer Kinder und dies Opfer unserer physiologischen Laboratorien. Allein das ist sehr unrichtig. Denn obwohl wir das gewöhnliche Kolorit dieser Thiere, gelb, röthlichbraun, weißlich und schwarz schon auf älteren, dem 16. Jahrhundert angehörenden Gemälden niederländischer Meister sehen, so variirt dasselbe dennoch beträchtlich. Ebenso auch die Größe. Jetzt hat man z. B. in den sogenannten Angora-Meerschweinchen mit sehr langhaarigem, zottigem Pelze eine wunderliche Rasse erzüchtet, welche alle die Theorien alter Stubengelehrter und halbgebildeter Landwirthe über den Haufen wirft.

Das Pferd. Man glaubt gegenwärtig die palaeontologische Geschichte dieses edlen Thieres aufgeklärt zu haben. Darwin hat zuerst Reste eines fossilen Pferdes in den Pampas-Ablagerungen bei Bajada aufgefunden. In Nebraska entdeckte man alsdann Reste eines unserem Hauspferde verwandten Thieres, sowie solche von noch anderen einhufigen Säugern, nämlich das uns schon bekannte Hipparion (S. 131 ff.), dann Protohippus, Merihippus, Hypohippus, Parahippus, Miohippus, Pliohippus, Anchippus. Orohippus, dem Anchitherium nahe verwandt, war von Fuchsgröße und stammt aus dem Eocän von Wyoming und Utah. Es hatte vier Zehen am Vorderfuße, die alle gebraucht wurden. Miohippus, eine Mittelbildung zwischen Anchitherium und Orohippus, hatte dreizehige Vorderfüße, war von Schafgröße und wurde im Miocän von Oregon gefunden. Protohippus, Pliohippus und Anchippus, beide wie Hipparion mit zwei Afterzehen der seitlichen Mittelfußglieder versehen und wie jenes etwa von Eselsgröße, zeigten sich im Pliocän. Das eigentliche nur einzehige Pferd dagegen ist quaternär. Die Thiere nahmen also von den ältesten Tertiärformen an gerechnet, an Größe zu, die Knochen ihrer Gliedmassen wurden im Zusammenhang mit der Vergrößerung der Schnelligkeit der Bewegung an Zahl vermindert, Hals und Kopf aber verlängerten sich unter gleichzeitiger Veränderung der knöchernen Bestandtheile des letzteren. Selbst das Gebiß unterlag starken Veränderungen. Darwin bemerkt, daß zur Zeit, als Amerika, besonders aber der Norden dieses Festlandes, seine Elephanten, Pferde und hohlhörnigen Wiederkäuer besaß, es in seinem zoologischen Charakter den gemäßigten Theilen von Europa viel näher verwandt, als jetzt gewesen sei. Da die Ueberreste der nämlichen

Gattungen auf beiden Seiten der Behring-Straße und auf den Ebenen Sibiriens gefunden wurden, so werden wir darauf geführt, die nordwestliche Seite von Amerika als die frühere Communicationsstelle zwischen der Alten und sogenannten Neuen Welt zu betrachten. Und da so viele, sowohl lebende als auch ausgestorbene Arten dieser nämlichen Gattungen die Alte Welt bewohnt haben, so erscheint es in hohem Grade wahrscheinlich, daß die nordamerikanischen Elephanten, Mastodonten, Pferde und Wiederkäuer über, seit jener Zeit untergesunkenes Land in der Nähe der Behring-Straße aus Sibirien nach Nordamerika und von da über, seit jener Zeit in West-Indien untergesunkenes Land nach Südamerika gewandert sind, wo sie sich eine Zeit lang unter die, jenem südlichen Continent charakteristischen Formen gemischt haben und dann seit jener Zeit untergegangen sind.

Das Pferd findet sich an europäischen quaternären Stätten sehr häufig. Es scheint nun auf Steppen Innerasiens und auf grasigen Triften Mitteleuropas schon in grauer Vorzeit ein Gegenstand der Zähmung geworden zu sein. So wie man vielfach Pferdeknochen an Orten aufgedeckt hat, an denen auch Gegenstände ältesten, rohesten menschlichen Kunstfleißes erkannt wurden, so gibt es auch Darstellungen von auf Rennthiergeweih ausgeschnitzten Pferdeköpfen u. s. w. In der Höhle von Thayngen bei Schaffhausen fand sich eine auf Rennthiergeweih eingekritzelte Abbildung eines jüngeren Pferdes mit aufrechter Mähne und zottigem Fell. Ruetimeyer hat die Darstellungsweise dieses Thieres meinem Urtheile nach viel zu begeistert geschildert. Sie steht doch weit hinter den prächtigen

Pferdebildern der Aegypter, Assyrer und Perser zurück. Sie ist selbst schlechter als gewiße Thierbilder der Buschmänner und Hereró in Südafrika. An derselben Oertlichkeit fanden sich in Schieferkohle oder Braunkohle eingeritzt zwei recht charakteristische Abbildungen von Köpfen zottiger Pferde. Der eine derselben ähnelt dem Kopfe des

Fig. 18. Kraushaariges Aïno = Pferd.
Nach Photographie.

langhaarigen, auf den Bildern der Th. Landseer u. A. dargestellten Baschkirenpferdes täuschend. Ruetimeyer hält dies zottige Pferd von Thayngen, sowie dasjenige, dessen Reste man in der Höhle zu Veyrier (S. 159) gefunden hat, für eine wilde Form. Dieselbe würde sich wohl unmittelbar dem krausen schon genannten zahmen Baschkirenpferde anschließen, welches auch hier und da in Südrußland, ferner unter den Kirghisen, Kalmücken, Mongolen und bei den Aïnos (Nord-Japan) vorgefunden wird (Figur 18). Auch der Tarpan oder das wilde Pferd, welches zwischen dem Aral-See und dem Hindu-Koh, in der Gobi-Wüste und am oberen Hoangho heerdenweise lebt und selbst bis zu Berghöhen von 18000 Fuß über dem Meere emporsteigt, ist etwas zottig. In höherem oder geringerem Grade kommt diese Haarbeschaffenheit übrigens allen halbwilden und allen nur wenig gepflegten Pferden zu. Eine fossile asiatische Pferdeform war Equus sivalensis. In Afrika hat bis jetzt nur Algerien fossile Pferde dargeboten.

Darwin hält es nicht für unwahrscheinlich, daß Wilde in den verschiedenen Theilen der Erde mehr als eine eingeborne Art oder natürliche Rasse domesticirt haben. Dies dürfte vorzugsweise in den pferdereichen Steppengebieten Innerasiens vorgekommen sein, aus denen schon im Alterthume so oft die wilden gefürchteten Reiterschaaren der Skythen oder Skoloten (Kazaken und Kiptschak) verheerend hervorgebrochen waren. Aber auch in Europa mag man das wilde, ursprünglich wohl nur zur Nahrung benutzte, Pferd schon frühzeitig der Zähmung unterworfen haben. Obwohl wir nun die Neigung der zahmen Pferde, im Freien zu verwildern, sehr wohl kennen, so heißt es doch sich Zwang anthun, will man in dem Tarpan durchaus nur ein verwildertes und nicht ein ursprünglich wildes Pferd anerkennen.

Der Esel. Asien und Afrika beherbergen mehrere wilde Formen dieses Thieres. Am weitesten nach Osten

Fig. 19. Dschiggetai (Equus hemionus).
Nach der Natur gezeichnet von H. Leutemann.

dringt der elegant gebaute Kiang oder Dschiggetai, welcher in Mittelasien bis China und Tibet und bis nach den Kirghisensteppen hin vorkommt (Fig. 19). Der Gurkur oder Kulan (Equus onager) hat eine etwas kleinere Statur und einen dickeren Kopf als der vorige. Er bewohnt die Türkmenen-Steppen östlich von Khiwa, Beludschistan, Persien, Mesopotamien u. s. w.

Der Dschiggetai hat nur einen dunklen Rückenstreif der Kulan diesen und nicht selten auch jederseits einen denselben kreuzenden Schulterstreif. Man beschreibt nun noch den Homar-el-Hamma, hebräisch Arod, Syriens und der Kurdengebiete (Equus hemippus), welcher übrigens dem Kulan sehr nahe steht und bald einen Schulterstreif hat (Fig. 20), bald nicht (Fig. 21). In Ost- und Nordafrika bis nach dem Sudan hin haust der Homar-el-Wady oder el-Atmur (Equus taeniopus), welcher außer Kreuz- und Schulterstreif häufig noch dunkle Querbinden an den Beinen hat (S. 133, Fig. 7) (Fig. 21). Kulan und beide letztgenannten Thiere sind warscheinlich nur Varietäten einer und derselben Art.

Fig. 20. Equus hemippus mit Schulterstreif.
Nach Photographie von F. York.

Fig. 21. Equus hemippus ohne Schulterstreif.
Nach einer Photographie von Frank Häs.

Diese drei Formen wurden schon seit Alters in den

Hausstand übergeführt. In Afrika benutzt man noch jetzt frisch aus der Wüste gebrachte Exemplare des Homar-el-Atmur, theils um sie neu abzurichten oder auch nur, um mit ihnen das Blut alter zahmer Stämme wieder aufzufrischen. Zahme Esel mit Kreuz- und Schulterstreifen sehen wir auf den ägyptischen Denkmälern durchaus nicht selten. In der Genesis ist ungemein häufig von Hauseseln die Rede. Herrliche Rassen dieser Thiere, manchmal von Größe mittlerer Pferde, sieht man in Persien, Syrien, Aegypten und auf der pyrenäischen Halbinsel (Fig. 22). Unsere heimischen Müllereſel dagegen sind

Fig. 22. Weißer syrischer Hausesel.
Nach Photographie von Frank M. Good.

kläglich ausgeartete Geschöpfe. Neuerlich angestellten Versuchen zufolge erscheint nun auch der Dschiggetai als wohl zähmbar. Er pflanzt sich in der Gefangenschaft ganz gut fort und wird recht traktabel. Vielleicht dürfte dies auch mit den Zebra's und Quaggas möglich werden. Es fehlt bis jetzt nur an Ausdauer in den damit angestellten Versuchen.

Das Erzeugniß einer Kreuzung von Eselhengst und Pferdestute ist das Maulthier, dasjenige einer Kreuzung von Pferdehengst und Eselstute ist der Maulesel. Das Vorkommen des letzteren hat man unrechter Weise läugnen wollen. Allein ich sah dergleichen Thiere nicht selten in Aegypten und Nubien, wo man sich über ihre Entstehung völlig klar ist. Nach A. v. Barnim kommen sie auch in Marocco, nach A. v. Homeyer auf den Balearen vor. Zu Marseille und Nizza, Mailand und auf dem Appennin gab man mir die bündigsten Versicherungen hinsichtlich ihrer wirklich stattfindenden Züchtung. In Südamerika freilich scheint man das Maulthier fast durchweg vorzuziehen. Man hat recht viele Kreuzungeu zwischen zahmen und wilden Eseln und Zebraarten erfolgreich betrieben. Nach den bisherigen Erfahrungen blieb jedoch die Fruchtbarkeit dieser Mischlinge eine begrenzte.

Das Hausschwein. H. v. Nathusius, welcher, wie wir gesehen haben, im Allgemeinen sehr gegen die Ableitung unserer Hausthiere von wilden Stammeltern eingenommen ist (S. 156), gibt zu, daß gewisse Formen des europäischen Hausschweines Nachkommen des europäischen Wildschweines sind. Hausschweine, deren Kopfskelet die langgestreckte kräftige Form des Wildschweinschädels (Figur 23) in ausgeprägterer Weise zeigt, finden sich jetzt in Rußland, Polen, in der Schweiz, in Oberitalien, Spanien, gewissen Gebirgsdistricten Portugals, in Dänemark, Holland und angeblich auch in Algerien. Nathusius bemerkt mit Recht, daß dies Thier in Folge vielfacher Kreuzungen mit

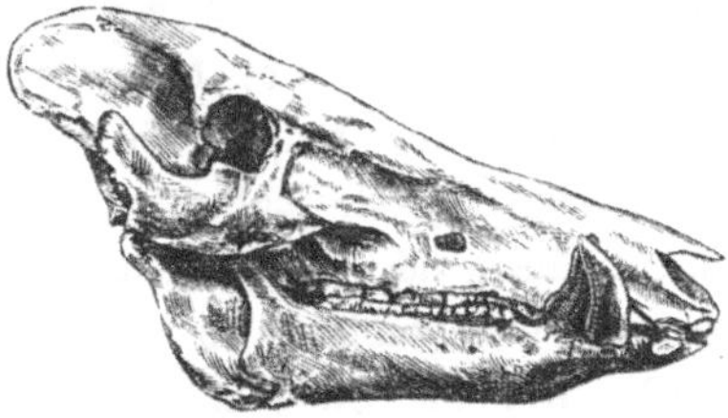

Fig. 23. Europäischer Wildschweinschädel, nach Photographie. (Pariser Museum.)

dem englischen (dem indischen ebenfalls durch Kreuzung verwandt gewordenen) Schweine in nicht wenigen Gegenden eine große Seltenheit geworden sei. Das Wildschwein kommt in Europa, Nord-Afrika, in West- und Süd-Asien vor. Es variirt individuell sowohl als auch geographisch in beträchtlicher Weise.

Namentlich unterscheidet sich das indische Wildschwein vom afrikanischen und vom europäischen. Wenig aber weicht das afrikanische vom europäischen ab. Letzteres tritt schon im Steinalter auf. Der von Gaudry zu Pikermi aufgedeckte riesige Eber (Sus Erymanthius) erscheint als eine gigantische, dem europäischen Eber nahestehende Form. In den Pfahlbauten finden sich neben Resten des gewöhnlichen Wildschweines auch zahlreiche Reste des sogenannten Torfschweines (Sus palustris), welches verwandtschaftliche Beziehungen zu dem in Mittel-Afrika wildlebenden, von verschiedenen Negerstämmen domesticirten kleinen Wildschweine, dem sogenannten Sus sennariensis oder Sennarschweine Fitzinger's, besitzt. Entweder ist nun dies Schwein mit dem afrikanischen Wolfshunde (S. 174, Fig. 16) und mit manchen anderen afrikanischen Dingen von eingedrungenen Berbern nach Europa gebracht worden, oder dasselbe rührt aus einer geologischen Zeit her, in welcher Eurpa und Afrika noch näheren Zusammenhang hatten und wo Europas Thierwelt sich mit ihren, Löwen, Hyänen u. s. w. nahe an die heutige des Sudan anschloß.

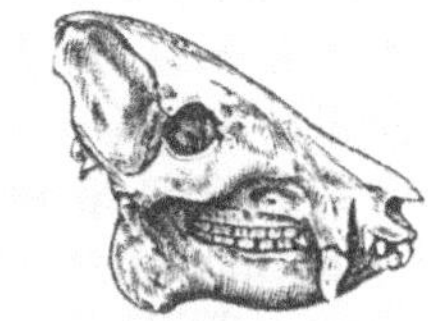

Fig. 24. Schädel eines Bisamschweines (Dicotyles). Nach Photographie. (Pariser Museum.)

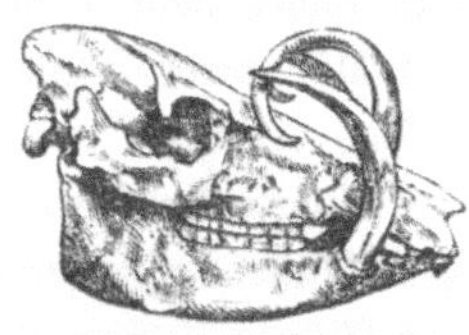

Fig. 25. Schädel des Hirschebers Nach Photographie. (Pariser Museum.)

Unter anderen wilden Formen werden die Bisamschweine des tropischen Amerika, deren Schädelbau so sehr von dem unseres Ebers abweicht (Fig. 23), zuweilen von den Indianern domesticirt. Der u. A. durch eigenthümlichen Schädelbau und durch ganz sonderbare Bildung der ungemein stark gebogenen Eckzähne charakterisirte Hirsch-

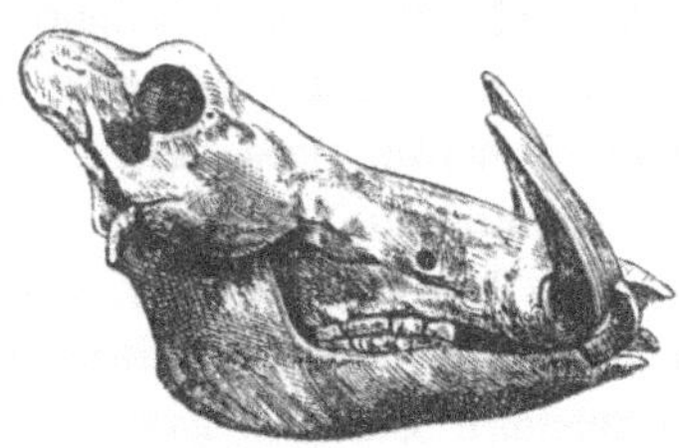

Fig. 26. Schädel des Warzenschweines, nach Photographie. (Pariser Museum.)

eber oder Babirussa der Sundainseln (Fig. 25) hat bis jetzt allen Zähmungsversuchen widerstanden. Wenig mehr ist dies mit dem Warzenschweine gelungen, dessen Schädel- und besonders Zahnbau in manchen Beziehungen beträchtlich von dem anderer Schweineformen abweicht (Figur 25). Das Pinselohrschwein dagegen (S. 138, Fig. 9) ist nicht nur in manchen Landschaften Afrikas domesticirt, sondern, Mittheilungen der alten trefflichen Beschreiber der brasilianischen Naturkunde G. Markgrav de Liebstad und W. Piso zufolge, auch nach Brasilien gebracht und allem Anscheine nach daselbst gezüchtet worden. Jetzt freilich findet man keine Spur mehr von dieser früher oder später wieder aufgegebenen Züchtung.

Das indische oder chinesische Schwein mit hoher Stirn, eingesenkter Profillinie des Gesichtes, kurzen Ohren, kurzem Rüssel, eingesenktem Rücken, dickem Rumpf und kurzen Beinen ist jetzt über die ganze Erde verbreitet und hat viel dazu beigetragen, ältere Rassen durch stattgehabte Kreuzungen umzuändern.

Das Schwein, welches auf den Südseeinseln gehalten wird, gehört theils dem indischen, theils dem hier und da domesticirten Papùa-Schweine, theils den in Siam, Celebes, Sumatra, Java, Timor und Japan noch wildlebender Formen an. Dahin ist u. A. wohl der Eber der Samoa-Inseln zu rechnen, das Jagdobject einer waffenkundigen und männlichen Bevölkerung. Das in den neuseeländischen Dickichten hausende Wildschwein ist wohl nur verwildertes Hausthier, ein sogenanntes Maori-Schwein der Eingebornen.

Das Rind. Unser europäisches Rind stammt

zum Theil vom wilden Ur (Bos primigenius) ab, einem mächtigen Thiere mit gewaltigen Hörnern, welches nach gewissen Annahmen in manchen Gegenden bis in das 16. Jahrhundert ein Jagdthier gewesen sein soll. Die schöne wilde Rinderrasse, der man in den schottischen Parks zum Nutzen der Wissenschaft eine hochherzige Pflege angedeihen läßt, ist Nachkomme des Urs. Es bleibt dabei gleichgültig, ob diese Thiere seit den ältesten Zeiten wild geblieben seien oder ob sie als erst gezähmt und alsdann wieder verwildert angesehen werden. Nach Ruetimeyer ist, sowie die Ueberreste des wilden Ur über ganz Europa zerstreut vorkommen, auch das von Menschenhand gezähmte Ur-Vieh einst über das ganze Gebiet ausgedehnt gewesen. Eine von dem freien Zustand verschiedene Art der Ernährungs- und Lebensweise und viele damit meist in enger Verbindung stehende directe Einflüsse der Züchtung, z. B. künstliche Frühreife, müßten den ursprünglichen Charakter der Art überall da getrübt und verwischt haben, wo sie in energischer und nachhaltiger Weise gewirkt hätten. Die vielen Schwankungen im gesammten Gepräge des heutigen Urviehes und die unregelmäßigen Grenzen seiner Verbreitung seien daher gleichsam der Abdruck der Schicksale, die es erfahren. Noch jetzt lebt vom Ur abstammendes Hornvieh in Rußland, in den Donaufürstenthümern, in Ungarn, Italien, Spanien und Portugal, in welchen Ländern die Thiere zum Theil eine riesige Hörnerbildung erlangen. Ferner finden sich entferntere, nicht mehr so großhörnige, überhaupt durch künstliche Zuchtwahl mannigfach beeinflußte Nachkommen des Urs längs der ganzen Küste der Ost- und Nordsee, von

Dänemark bis Holland und England — nach Ruetimeyer und Anderen. Eben genannter Verfasser führt die sogenannte Frontosus-Rasse des europäischen Rindes als Erzeugniß einer Variation des vom Ur (Bos primigenius) abstammenden Urviehes, der Primigenius-Rasse, auf, welche vorwiegend in Folge veränderter Ernährungsweise in der Jugend und rascher künstlicher Auffütterung entwickelt sei. Entgegen einer früher geäußerten Ansicht will Ruetimeyer jetzt der sogenannten Trochoceros-Rasse unseres Rindviehes nicht mehr den Werth einer bestimmten Varietät oder gar einer Species zugestehen. Dagegen erhält er aufrecht die sogenannte Kurzhorn- oder Brachycerosrasse. Dieselbe ist noch heut im Braunvieh der Schweiz und in dem Kurzhornschlage Algeriens (von welchem letzteren die Zuchtviehausstellung zu Poissy im April 1867 prämiirte Prachtstücke aufwies), vollständig erhalten. Diese Rasse war neben dem Ur- oder Primigeniusvieh das wichtigste Hausthier zur Zeit, als unsere Ahnen noch mit Hülfe von Steingeräthen und Steinwaffen ihr karges Dasein fristeten. H. v. Rathusius scheint nun neuerdings geneigt, jene Unterschiede von Frontosus-, Trochoceros-Rindern auf rein individuelle Schwankungen zurückzuführen. Er hat hiermit jedenfalls einen, wie mir scheint, recht glücklichen Griff gethan.

In Südasien, sowohl auf dem Festlande, als auch auf mehreren größeren Inseln, lebt eine Rinderform wild, welche unsere Aufmerksamkeit in hohem Grade verdient. Es ist dies das Sunda-Rind oder der Banteng (Bos sondaicus). Männchen und Weibchen desselben weichen in ihrer Gestaltung sehr von einander ab, wie dies schon

Fig. 27. Sunda-Rinder (Bos sondaicus), Stier und Kuh. Nach dem Leben gezeichnet von G. Mützel.

beifolgende Illustration erkennen läßt (Fig. 27). Man jagt diese Thiere als Wild. Mir ist aus meiner Knabenzeit noch sehr gut ein in Berlin ausgestellt gewesenes, höchst lebensvolles Oelgemälde des genialen Malers Prinzen Raden-Saleh erinnerlich, welches die Banteng-Jagd auf Java vorstellt, wobei braune Reiter die Thiere im hohen Allang-Grase fällen. Blyth erwähnt, dies Geschöpf komme auf Bali als Hausthier vor, allein hier scheint doch, mir übersandten Nachrichten und photographischen Abbildungen zufolge, das Zebu alleiniges Hornvieh der Eingebornen zu bilden.

Schlegel und S. Müller werden in ihrer Angabe Recht behalten, diese Form werde nicht in reinem Zustande als Hausthier benutzt, sondern nur gezähmt und zur Kreuzung mit dem europäischen Rinde und dem Zebu verwendet.

Eine andere wilde Form Indiens ist der Gauri-gai (Bos [Gavaeus] Gaurus), welcher nach Jerdon von Cap Comorin an bis an den Fuß des Himalaya in dichten Wäldern lebt. Noch ein anderer asiatischer Wildochs, der Gayal oder Mithun (Bos frontalis), haust in hügligen Districten östlich vom Brahmaputra, in Assam, in den Mischmi-Bergen und wohl bis zur chinesischen Grenze hin (Fig. 28). Er wird als Hausthier benutzt, auch mit indischem Hausvieh, nämlich Zebus, gepaart.

Der Buckelochs oder Zebu ist in Asien heimisch. Man hat in Indien quaternäre Zebuknochen gefunden. Er kommt aber auch in Madagascar und in einem großen Theile Afrikas vor. Ob er hierher aus Asien verpflanzt oder ob er hier von Hause aus eingeboren gewesen, läßt sich dermalen noch nicht entscheiden.

Fig. 28. Gayal.
Nach einer Photographie von F. York.

Dies Thier steht unserem Rinde sehr nahe, sein Buckel ist nur eine fettige Entartung des Kappenmuskels und von sehr variabler Ausbildung, oft nur verschwindend klein.

Fig. 29. Indischer Brahminen-Zebu.
Nach Photographie von F. York.

Ruetimeyer bemerkt, daß wenn je eine Form zahmen Rindviehes Anspruch habe auf Abtrennung als besonderes Species, so sei es das Zebu. Wenn wir aber die von Ruetimeyer angeführten, dies Thier von anderen Rinderformen, den Büffeln u. s. w. angeblich trennenden Merkmale prüfen, so ergiebt sich, daß dieselben für Rind und Buckelrind unwesentlich seien. Es finden sich überhaupt so zahlreiche Uebergänge zwischen Zebu und allen übrigen Formen, ersteres hat so ausartende Glieder, daß an eine Vereinzelung desselben als besondere Art nicht mehr gedacht werden darf. Diese Form variirt sowohl in Asien als auch in Afrika ganz außerordentlich. In Indien sieht man den stattlichen Brahminen-Zebu (Fig. 29) neben einer schafgroßen, sehr niedlichen Zwergform. In Afrika weidet im Sennaar am Guli-Berge und bei Roseres ein fast buckelloser, dürftiger Schlag, fast dürftiger als unser oberschlesisches Lilliput-Vieh, neben dem mächtigen, hochbebuckelten Last- und Reit-Zebu aus Fazoglo, neben dem colossalhörnigen Sanka der Gala-Länder. Gewisse südafrikanische, zuweilen wahrhaft monströse Hörner treibende Ochsen sind wohl als äußerste, schon sehr abgeänderte Ausläufer der Zebuform zu deuten.

Der Yak oder Grunzochse (Bos grunniens) lebt wild in gewissen innerasiatischen Gebirgslandschaften. Er wird von den Tibetanern Brong-Dhong genannt. Der zahme Yak oder Tschauri-Gau der Indier ist vorzügliches Hausthier in allen zum Himalaya-System gehörenden Bergdistricten, in Tibet, Ladak, in Nord-China, der Mongolei u. s. w. Manche rechneten dies majestätische, zottige Geschöpf zu den Büffeln. Allein dies ist falsch. Wir haben in ihm vielmehr eine echte Rinderform vor uns, die jedenfalls

Fig. 30. Kopf des alten männlichen Tschauri-Gau. Nach dem Leben gezeichnet von G. Mützel.

schon vor Alters gezähmt worden ist. Kreuzungen des Jaks mit Zebu's und gewöhnlichem Rindvieh ergaben sehr günstige Resultate (Fig. 30).

Die Büffel (Bubalina) bilden eine den Rindern zwar nahestehende aber doch gewisse Eigenthümlichkeiten zeigende Gruppe. Kreuzungen zwischen Büffeln und Rindern sind bis jetzt nur selten von Erfolg gewesen, obgleich beiderlei Thiere sich sehr gut miteinander vertragen. Selbst der Urtypus eines Büffels, der sonst so wilde, schreckliche Kafferbüffel Afrika's (Bos [Bubalus] caffer) mischt sich in

Kordufan u. s. w. unter die friedlich weidenden Zebus. Zahme Abkömmlinge dieses Thieres (Fig. 31) sind bis

Fig. 31. Männlicher Kafferbüffel.
Nach Photographie von F. York.

jetzt so wenig bekannt geworden, als diejenigen einer anderen Form, nämlich des auf der afrikanischen Westküste und in beschränkten Gegenden des Innern lebenden Kurzhornbüffels (Bos [Bubalus] brachyeros).

Der indische Büffel hat jedenfalls seinen pliocänen Vorfahren im Bubalus palaeindicus des Nerbudda-Thales. Unbeschadet gewisser Eigenthümlichkeiten, namentlich des langgestreckten, schmalen Schädels des ersteren ähnelt ihm zunächst der im Innern von Indien wildlebende Arna (Kuh: Arni) oder Dschungli-Byns mit kolossalen, von oben nach unten flachgedrückten Hörnern. Zu den fossilen Vorfahren im weiteren Sinne (der Descendenztheorie) gehören auch wohl Bubalus triquetricornis und Bubalus antiquus. Letzterer war algerisch und europäisch-diluvial. Sowohl ein durch Duvernoy als auch ein durch den Veterinärarzt Thomas der Vergessenheit entrissenes Fragment von Schädeln dieses Thieres (aus Setif, Djelfa) erinnern an den Arna. Directe Nachkommen des im westlichen Asien übrigens auch zur Zähmung gelangenden Arna sind diejenigen Büffel, welche die asiatischen Inseln bewohnen, hier auch verwildern und mit dem allgemeinen Namen Karabau oder (spanisch) Calabao belegt werden. Die Hörner derselben sind lang, weitge-

Fig. 32. Karabau-Form des Büffels, hier angeblich aus Ceylon stammend. Nach Photographie.

krümmt und von oben nach unten flachgedrückt, ganz ähnlich wie beim Arna (Fig. 32). Der gemeine Büffel des indischen Festlandes, Persiens, der asiatischen Türkei, der Donaufürstenthümer, Ungarns, Italiens und Aegyptens ist auch wohl ein Nachkomme der wilden Form. Er hat eine von derjenigen des Karabau etwas abweichende Gestalt, meist kürzere, von außen nach innen flachgedrückte Hörner und reicheres struppigeres Haar. Derselbe ist in geschichtlicher Zeit aus Asien in die betreffenden Länder gebracht worden, deren sumpf-, gestrüpp- und grasreiche Gegenden ihnen besonders zusagen.

Die Wisente oder Bisonten bilden wieder eine Gruppe der rinderartigen Wiederkäuer. Von einer Zähmung der in Europa (Litthauen, Kaukasus) lebenden Form (Bison europaeus) weiß man nichts. Dagegen berichtet Gomara von einem alten indianischen Volke im Nordwesten Mexiko's, welches Herden gezähmter Bisons, amerikanischer Wisente (Bison americanus) besaß und diesen Stoff zu Bekleidung, Speise und Trank verdankt haben soll. Der Trank war nach A. v. Humboldt's Ansicht vielleicht Blut, denn Abneigung gegen Milch oder wenigstens der Nichtgebrauch derselben scheint vor der Ankunft der Europäer allen Eingebornen des neuen Continentes mit den, von wahren Hirtenvölkern umgebenen Bewohnern von China oder Cochinchina gemein gewesen zu sein. Zebublut bildet bei den Nigritiern des weißen Nils und bei den Gala Ostafrikas einen besonderen Genuß-, ja selbst einen Handelsartikel. Fossile Wisentreste finden sich überall in Mittel-Europa, z. B. auch um Berlin. Obwohl früher artlich als Bison priscus unterschieden, ist dies Thier dennoch nur unser zeitiger Auerochs, nichts anderes.

Die Hausziege. Auch dieses Thieres Abstammung ist noch etwas dunkel. Unter den wilden Ziegen

Indiens nennt man 1) den großen prächtigen Markur (Capra megaceros) mit spiraligen, bei alten Männchen bis vier Fuß langen Hörnern (Fig. 33). 2) Die Nylgherri=

Fig. 33. Markur=Bock.
Nach Photographie von F. York.

Wildziege oder den Warra=adu (Hemitragus hylocrius), 3) den Jharal oder Tehr (Hemitragus jemlaicus), 4) den Gural oder Pijur (Nemorhoedus Goral), 5) den Thar oder Sarao (Nemorhoedus bubalina). Wenn unter diesen Thieren nun auch einige mit Hausziegen erfolgreich gekreuzt sind, so darf man dennoch kaum eins derselben direct als wilde Stammform unserer „Zibbe“ in Anspruch nehmen. Ebensowenig kann dies mit den Steinböcken (Ibex) geschehen. Anders ist es jedoch mit der Bezoarziege (Capra aegagrus) des Taurus, Kaukasus, Elburs, der kirghisischen und tartarischen Gebirge, welche wohl Stamm=

vater verschiedener asiatischer Hausthierformen, unter Andern auch der Angora-, der Kurden-, Afghanen- und Beludschenziege u. s. w. sein könnte. Manche wollen durchaus auch dem Markur eine solche Rolle zuertheilen. Vielleicht sind Bezoarziegen und Markur's beide an der Bildung orientalischer Hausthiere betheiligt gewesen. In Europa finden sich (in französischen Höhlen) die Reste einer Urziege (Capra primigenia), deren Stellung zu unseren Hausziegen leider noch sehr unklar ist. Letzterer wenigstens genähert scheint aber die fossile Ziege von Pikermi (Capra Amalthea) zu sein.

Das Stammthier der afrikanischen Hausziegenrassen ist dermalen noch unbekannt. Von wilden Formen finden sich hier nur im Nordosten zwei Steinbockformen, nämlich der Beden (Capra sinaitica) und der Walja (Capra Walie). Schon auf alten, ägyptischen Denkmälern kommt jene Hausziege vor, welche ich an andern Orten die äthiopische Varietät genannt habe. Die Mendes-, d. h. Ziegenbockhörner der altägyptischen Osirisbilder erinnern mit ihren Spiralen an diejenigen des Markur. Höchst auffällig zeigt sich die Variabilität der Hausziege gerade in Afrika. Welche scheinbar großen Unterschiede und doch wieder welche zahlreichen Uebergänge zwischen der langhaarigen Ziegenrasse von Tunesien, der mopsnasigen hängeohrigen Aegyptens und Nubiens, der schlanken, langhörnigen Angolas, der zwerghaften von Inner- und Westafrika! Die sogenannten Glöckchen vieler Ziegen sind rein individuelle Bildungen, je zwei häutige vorn am Halse herabhängende Klunkern. Sie finden sich auch bei Schweinen und Schafen.

Das Hausschaf. Die Abstammungsgeschichte dieses Thieres bildet leider noch einen der dunkelsten Punkte in unseren Betrachtungen. Auf den alten Denkmälern der Aegypter, Assyrier und Perser erscheinen verschiedene Rassen des Fettschwanzschafes dargestellt mit öfters stark gewölbtem Nasenrücken, nicht selten hängenden Ohren, stark nach hinten und dann kurzweg nach vorn gewendeten oder auch nach außen gewundenen Hörnern und starken, die sogenannte Schwanzrübe von beiden Seiten einhüllenden Fettbelägen. Sie haben ein grob-wolliges Haar. In den (dem Steinalter angehörenden) Pfahlbauten der Schweiz fand Ruetimeyer die Reste eines Hausschafes, welches durch geringe Größe, feine schlanke Extremitäten und noch mehr durch aufrechtstehende kurze, zweikantige, ziegenähnliche Hörnchen von den heutzutage allgemein verbreiteten Schafrassen verschieden war. Spuren groß- und krummhörniger Thiere bot nur die Stätte von Bauwyl. Die Seltenheit von Hornzapfen machte es unmöglich, über die Art des Ersatzes jener kleinhörnigen Thiere durch die heute vorwaltenden großhörnigen bestimmten Aufschluß zu erlangen. Doch zeigte sich bei der Untersuchung der Knochen von Chavannes, Echalens ꝛc., daß im Mittelalter große krummhörnige Thiere wahrscheinlich stark verbreitet waren. Der im klassischen Alterthum so häufig architektonisch verwerthete Schafschädel zeigte ebenfalls durchweg nur die noch heutzutage allgemein gesehene Gestalt der Hörner; dieselbe Form, dreikantig, mit vorderer Fläche und dieselbe Biegung nach außen, rückwärts und abwärts, zeigen auch die meisten wilden Schafe. Verwandte dieses Torfschafes vermuthet Ruetimeyer in dem fast halbwild lebenden Schafe der Shetlands-Inseln und Orkaden, auch in demjenigen von Graubündten. E. Naumann traf in den Pfahlbauten des Starnberger Sees, welche während einer ungeheueren Zeit, von der Steinzeit an, die Bronzezeit hindurch bis gegen die geschichtliche Zeit bewohnt sein mußten, das für das Steinalter der Schweiz charakteristische, ziegenhörnige Schaf nicht mit voller Sicherheit, wohl aber traf er eine andere, welche mit der noch jetzt in derselben Gegend gezüchteten ganz übereinstimmt.

Woher stammt nun das Hausschaf? Etwa aus Asien? Hier hat man folgende Wildschafformen beobachtet: 1) Den mächtigen, widderhörnigen Argal oder Ryan (Ovis Argali) in Sibirien, Tibet u. s. w. 2) Den Urial (Ovis cycloceros) im Pendschab, in der Nachbarschaft von Peschaur u. s. w. 3) Den Schapu (Ovis Vignei) am Hindu-Koh, auf dem Pamir, in Ladak. Fällt vielleicht mit dem vorigen zusammen. 4) Den Bharal (Ovis Nahoor) des Himalaya, am Setledsch u. s. w. 5) Den Raß (Ovis Polii) auf dem Pamir. Dann sind noch wenig bekannt Gmelin's Schaf (Ovis Gmelini) aus Armenien, Ovis cylindricornis vom Kaukasus und Ovis nivicola aus Kamtschatka. Letzteres, der Bharal und das Bighorn (Ovis montana) in Nordamerika, gehören vielleicht zu einer Art. Der Arkal Turkistans (Ovis Arkal) ist noch zweifelhaft, vielleicht nur Abänderung des Argali. Blyth vermuthet den Stammvater unseres Hausschafes in einer noch unbekannten wilden Form Innerasiens. Gmelin's Schaf soll dem langschwänzigen Schafe am nächsten stehen. Der Argali könnte wohl die größere, drehhörnige Form namentlich der fettschwänzigen, der orientalischen Schafe geliefert haben. In Europa stammten vielleicht manche Formen vom Mouflon (Ovis musimon) Korsikas und Sardiniens ab. In Nord-Afrikas Gebirgen lebt der Audat oder Tetal, Mähnenmouflon (Ovis tragelaphus) (Fig. 34).

Fig. 34. Mähnenmouflon.
Nach Photographie von F. York.

Diesem ähnelt in gewisser Beziehung der Merwan, eine Hausthierrasse mit hohen Beinen, mähnenartiger Behaarung des Vorder- und zuweilen auch Hinterkörpers, welche durch ganz Afrika, von der arabischen Wüste bis nach Guinea, von der Sahara bis zu den südlichen Betschuanen und Kaffern reicht, aber allerdings auch provinzlich ungemein variirt. Man hat nun an eine Abstammung dieser Langbein-, Fesan- oder Guineaschaf- oder anderswie genannten Rasse vom Mähnenmouflon gedacht, ohne dafür bis jetzt stichhaltige Gründe vorbringen zu können. Ein in südfranzösischen Höhlen gefundenes angebliches quaternäres Schaf (Ovis primaeva) ist noch ganz unsicher bestimmt. Möglich sogar, daß die ihm zugeschriebenen Knochen einem Steinbock angehören. Andere in Frankreich aufgedeckte Schafknochen ähneln den in den Schweizer Pfahlbauten gefundenen.

Vom Kameel kennt man zwei angebliche Arten: 1) das Trampelthier (Camelus bactrianus) mit zwei Höckern und 2) das Dromedar (Camelus dromedarius) mit einem Höcker. Ersteres bewohnt mehr die centralen und östlichen, mehr die mongolischen Gebiete Asiens, letzteres mehr die westlichen und südlichen, obwohl eine scharfe geographische Abgrenzung beider Formen gegeneinander sich kaum bewerkstelligen läßt. Trampelthier und Dromedar, welche sich fruchtbar mit einander vermischen, bilden jedenfalls nur Varietäten einer Art. Die Nachkommen ihrer Mischzucht haben bald einen, bald zwei Höcker, welche letzteren auch hier nur fettig entartete Muskelgebilde darstellen und in ihrer Ausbildung individuell ganz ungemein wechseln. Ihr Vorfahr dürfte Camelus siwalensis der vielgenannten Sewalik-Hügel gewesen sein. Das Dromedar ist erst spät nach Afrika eingeführt worden und hat sich hier in riesigem Maßstabe vermehrt. Im Innern dieses Festlandes hört aber die Kameelzucht meistens mit dem 12° Nördl. Br. auf. An der afrikanischen Ostküste reicht jedoch die Haltung dieses für wüste, trockene Striche warmer Erdgegenden unvergleichlichen Hausthieres weiter nach Süden herab. Das Dromadario der Italiener, der Hedjin, Dzelul oder Meheri der Araber, ist nur eine auf den Ritt und Schnelllauf dressirte Kulturrasse des einhöckerigen Kameeles.

Hausthiere von großem Werthe sind in den gebirgigen

Ländern von West-Südamerika die unseren altweltlichen Kameelen verwandten Lamas (Llamas, Llacmas). Diluviale Reste derselben wurden in Brasilien (S. 151) und in den Anschwemmungen der Pampas aufgedeckt (S. 152). Die wilde Stammform des Lama ist höchst wahrscheinlich der Guanaco oder Huanacu, welcher noch jetzt von Peru an östlich dem Andesgebirge und über die Ebenen von Mendoza bis zum Feuerlande hin die Buschdickungen der Felsabhänge und die bald grasigen bald gestrüppreichen Pampas durchstreift. Die Vicuña (sprich Vicunja), französirt Vigogne, welche in Bolivia, Peru und Ecuador selten niedriger als unter 12,000 Fuß Meereshöhe wohnt, gilt als Stammthier des zahmen Pacu, Paco, Alpaca, dessen langzottige Wolle jetzt einen so sehr gesuchten und in der That ausgezeichneten Webereigegenstand bildet. Dies vorzügliche Wollthier lebt halbwild auf den Bergen von Peru und Bolivia in 7—9000 Fuß Meereshöhe und wird, ähnlich den halbwilden Schafen mancher Gegenden, gewaltsam zur Schur in die Corales, Hürden, zusammengetrieben. Die Vicuña, ein sonst scheues Thier, läßt sich leicht zähmen, was die Indianer der hohen Andes-Districte alltäglich beweisen. Inca Garcilaso erzählt, daß während der Regierung seines Geschlechtes die Vicuña alljährlich mittelst großer Jagdparthien eingefangen, geschoren und wieder freigelassen worden sei, daß man sogar über die Zahl der Thiere, welche benutzt worden wären, Verzeichnisse mittelst der Quipus oder Gedenkschnüre geführt habe.

Das Rennthier war in der Eiszeit über einen großen Theil Europas verbreitet und bildete damals die

Jagdbeute zahlreicher Stämme. Noch jetzt lebt das Thier wild in Sibirien, Nowja Semla, am weißen Meere in Norwegen und Nordamerika. Die Verschiedenheiten, welche man zwischen asiatischen, europäischen und amerikanischen Rennthieren hat auffinden wollen, sind nur unbedeutender Natur, sie schreiben sich theils von örtlich-klimatischen Einwirkungen her, theils sind sie auch nur individuell.

Man hat sich nun vielfach darüber hin- und hergestritten, ob man an eine stattgehabte Domesticirung des Rennes bei den quaternären Alteuropäern denken dürfe oder nicht. Indessen spricht Vieles dafür, daß das europäische Rennthier zur Steinzeit nur im wilden Zustande existirt habe. Gegenwärtig trifft man dies hirschartige Geschöpf als Hausthier zwar in Nordasien und Nordeuropa, nicht aber in Amerika. Seine Domesticirung ist ein Verdienst nordmongolischer und finnisch-lappischer Stämme. Sie reicht wohl schon über das klassische Alterthum hinaus, in die Vorzeit. Die auf Hirschen reitenden Bewohner Skythiens des Aelian sind ohne Zweifel rennthierzüchtende Tungusen gewesen.

Hinsichtlich der Abstammung unserer Hausvögel will ich der Vollständigkeit halber hier auch einige Beispiele anführen.

Das Haushuhn, über dessen Geschichte neuerdings besonders Darwin, V. Hehn und Jeitteles vorzügliche Studien gemacht haben, kommt angeblich ganz fossil, ferner auch unter den vorgeschichtlichen Resten zu Olmütz und in Parma vor. Alte bildliche Darstellungen dieses Thieres fand man bis jetzt frühestens auf assyrischen Cylindern aus der Zeit zwischen dem sechsten und siebenten Jahr-

14*

hundert v. Chr. Das Harpyen-Monument von Xanthus in Lycien (etwa 600 v. Chr.) zeigt ein Hahnbild. Darwin glaubt daher etwa das sechste Jahrhundert als Zeitraum der Verbreitung des Huhnes nach Europa festsetzen zu können. Hehn's Vermuthung dagegen, daß unser Vogel erst mit Ausbreitung der medisch-persischen Eroberungen nach Westen gelangt sei, scheint mir nach den Erhebungen von Darwin und Jeitteles nicht stichhaltig zu sein. Stammthier des Huhnes ist zweifellos der in Vorder- und Hinterindien und auf den indischen Inseln wild lebende Bankiwa-Hahn, welchem nach Darwin die typischeste der domesticirten Rassen, nämlich die sogenannte, sehr variirende Kampfhahnrasse am nächsten steht. Jedermann weiß, welche zahlreiche Rassenbildung die neuere Hühnerzüchtung hervorgerufen hat und noch immer hervorruft. Man sehe sich nur einmal die „hühnerologischen" Ergebnisse des Dr. Bodinus im zoologischen Garten zu Berlin an.

In Afrika mag das Haushuhn hauptsächlich erst seit der ägyptischen Eroberung eines Kambyses Eingang gefunden haben. Auf den pharaonischen Denkmälern findet es sich nicht dargestellt und Thiere oder deren Reste, welche auch nur entfernt unseren Hühnern ähnelten, sind bis jetzt in diesem Erdtheile nicht entdeckt worden. Jetzt freilich fehlt das Geschöpf kaum einer Negerhütte.

Auch über ganz Amerika hat es sich verbreitet. Martius beobachtete dasselbe in den entlegensten Niederlassungen, z. B. der Coëruna-Indianer am Miriti-Parana, woselbst sogar das Verschneiden der Hähne bekannt war. Er frägt, woher wohl diese tief im Innern hausenden Stämme das Thier bekommen haben könnten, spricht aber doch an einer andern Stelle die Ueberzeugung aus, es sei das Huhn vor der Einwanderung der Europäer in ganz Amerika unbekannt gewesen.

Die Haustaube stammt mit ihren vielen Varietäten von der, wiederum variirenden Felstaube (Columba livia) ab. Der nächste Abkömmling derselben ist wohl die Feldtaube. Felstauben besuchen von den ihnen zur Wohnung dienenden steinigen Höhlungen und Klüften aus öfters die Felder, laben sich an keimender und ausgestreuter Saat und sind in diesem Zustande, in welchem sie sich allmählich an den Menschen gewöhnen, leichter zu kirren und dem Hauswesen einzuverleiben, indem man sie allmählich an bestimmte Futterplätze und endlich auch in die Schläge lockt. So soll es hier und da in Aegypten, Nubien, Algerien, Syrien, am schwarzen Meere, in den Donaufürstenthümern, in Siebenbürgen, in Istrien und Dalmatien geschehen.

Die Hausente Europas ist ein Abkömmling der gemeinen Stock- oder Wildente (Anas boschas). Letztere ist unschwer zu zähmen. Nach H. O. Lenz muß man, um dies zu erreichen, die Eier der Stockenten von Hausenten oder lieber von Haus- oder Truthühnern ausbrüten lassen und den jungen Thierchen die Flügel verkürzen. Dieselben sind nur sehr schwer an den Stall zu gewöhnen und wollen jedenfalls nur im Freien und gut versteckt brüten. Will man von ihnen und den Hausenten Bastarde ziehen, so ist, da sie wenig gegenseitige Zuneigung haben, dafür zu sorgen, daß bei weiblichen Stockenten nur Hausentriche Zugang haben oder umgekehrt. Derselbe treffliche Beobachter bemerkt, daß, wenn man Eier von Löffelenten durch Hausenten ausbrüten lasse, man die Jungen aufziehn könne. Eine eigenthümliche Art der Domestication geschieht mit der schönen Fuchs- oder Brandente, der man auf gewissen Nordseeinseln, z. B. auf Sylt, Amrum, Borkum und Rottum, Höhlen gräbt oder welche daselbst Kaninchenbaue benutzt, auch wohl selbst gräbt oder wenigstens vorhandene Baue erweitert. Der alte J. F. Naumann erzählt, daß die zwischen den Dünen von Lyst (Sylt) in solcher Weise gezüchteten Brandentenweibchen auf den Eiern so zahm würden, daß sie sich leise streicheln ließen und erst bei etwas unsanfter Berührung sich in die unterirdischen Gänge oder Röhren des Baues verkröchen. Man nimmt den Thieren einen Theil der gelegten Eier und die von den Weibchen sich selbst abgerupften, zur Auskleidung der Baue benutzten Daunen, mit welchen man nicht unbeträchtlichen Gewinn erzielt.

Doch genug von der Abstammung der Hausthiere. Der Leser wird aus den obigen, selbstverständlich noch sehr unvollkommenen Mittheilungen ersehen haben, daß Vieles in jener Hinsicht zwar noch unklar, noch unsicher, daß aber immerhin mit unserer Erkenntniß des Gegenstandes bereits ein ganz guter Anfang genommen sei, welcher uns zur Hoffnung auf endgültige Lösung noch so mancher schwebenden Frage berechtigt.

V.

Die Thierproduktion und ihr Verhältniß zum Darwinismus.

Die Thierproduktion beschäftigt sich mit der Züchtung der Hausthiere im Allgmeinen, mit derjenigen der landwirthschaftlich wichtigeren Hausthiere im Besonderen. Wir hier ziehen hauptsächlich die in landwirthschaftlicher Beziehung hervorragenden Säugethiere in den Kreis unserer Betrachtung.

Will man nun die Erscheinungen, welche die Thierproduction darbietet, verstehen, will man namentlich das Verhältniß derselben zum Darwinismus würdigen lernen, so muß man zunächst auf einige Fragen Rücksicht nehmen, welche die gesammte Entwicklungsgeschichte der organischen Wesen und des Menschen betreffen.

Da ist zunächst die Erblichkeit äußerst wichtig. Virchow bemerkt mit Recht, daß Erblichkeit eine Grundeigenschaft alles organischen Wesens, ja die Grundbedingung der Existenz aller lebenden Zeitgenossen, seien es thierische oder pflanzliche, darstelle, wenigstens soweit wir wissen. Menschliche und thierische Eltern z. B. vererben gewisse Eigenschaften, mögen sie nun rein körperlicher, mögen sie rein seelischer Natur sein, auf ihre Nachkommen. Es liegt dies darin, daß letztere die Erzeugnisse der elterlichen Körperlichkeit sind, daß dieser die ihrige daher in vielen Punkten gleichen muß. Eine Nichtvererbung von Eigenschaften hebt die allgemein gültigen Erscheinungen der Erblichkeit nicht auf. Arten, Species — so sagt Virchow weiter — nennen die Naturforscher im Allgemeinen solche Reihen lebender Wesen, welche sich von Geschlecht zu Geschlecht mit gleichbleibenden Eigenschaften, mit einer gewissen Beständigkeit der inneren Einrichtung und der äußern Erscheinung fortpflanzen, bei welcher also bestimmte Eigenschaften und Merkmale sich erblich übertragen. Häckel sucht zwar schon Vererbungsgesetze aufzustellen, gesteht dabei aber doch zu, daß vorerst noch wenig Material für eine solche Unternehmung vorliegt. Er nennt seine eigenen Ideen in dieser Hinsicht auch nur vorläufige Bruchstücke.

In der Ueberzeugung, daß trotzdem in letzteren vieles Wahre enthalten sei, gebe ich dieselben hier im Auszuge wieder: Verfasser unterscheidet die Vererbung vererbter Charaktere als erhaltende oder conservative Vererbung von der erworbener Charaktere, d. i. der von ihm sogenannten fortschreitenden, progressiven. Die Einzelwesen jeder Art von Thieren und Pflanzen können nicht allein diejenigen Eigenschaften auf ihre Nachkommen vererben, welche sie selbst von ihren Vorfahren ererbt haben, sondern auch die eigenthümlichen, individuellen Eigenschaften, die sie erst während ihres Lebens erwarben. Zu den Erscheinungen der conservativen Vererbung gehört die ununterbrochene oder continuirliche Vererbung. Dieselbe hat — wie Häckel bemerkt — unter den höheren

Thieren und Pflanzen eine so allgemeine Gültigkeit, daß der Laie zunächst ihre Wirksamkeit überschätzen und sie für das einzige allein maßgebende Vererbungsgesetz halten dürfte. Es besteht dieses Gesetz einfach darin, daß innerhalb der meisten Thier- oder Pflanzenarten jede Generation der anderen im Ganzen gleich ist, daß die Eltern ebenso den Großeltern, wie den Kindern gleich sind. „Gleiches erzeugt Gleiches" sage man gewöhnlich, richtiger sollte es heißen „Aehnliches erzeugt Aehnliches". Denn in der That seien die Nachkommen oder Descendenten eines jeden Organismus demselben niemals in allen Stücken absolut gleich, sondern immer nur in einem mehr oder weniger hohen Grade ähnlich. Dies Gesetz sei so allgemein bekannt, daß es weiter keines Beispieles bedürfe.

In einem gewissen Gegensatze dazu stehe das Gesetz der unterbrochenen oder latenten, auch als abwechselnde oder alternirende zu bezeichnenden Vererbung. Dieses wichtige Gesetz äußere sich namentlich bei vielen niederen Thieren und Pflanzen darin, daß die Kinder den Eltern nicht gleich, sondern sehr ähnlich seien, daß erst die dritte oder eine spätere Generation der ersten wieder ähnlich werde. Die Enkel seien den Großeltern gleich, den Eltern aber ganz unähnlich. Diese merkwürdige Erscheinung trete in geringerem Grade bekanntermaßen in den menschlichen Familien sehr häufig auf. Bei den am meisten veränderlichen Hausthieren, bei Hund, Pferd, Rind machten die Thierzüchter sehr häufig die Erfahrung, daß ihr Züchtungsprodukt mehr dem großelterlichen, als dem elterlichen Organismus ähnlich sei. Diese Thatsache trete noch viel auffallender in der

Erscheinung des Generationswechsels oder der Metaggenese auf (S. 78ff).

Häckel will unter diesem Gesetz auch die Erscheinungen des Rückschlages oder Atavismus begriffen wissen. Man glaubt nämlich, es vererbten sich gewisse Eigenschaften der Eltern dergestalt auf die Nachkommen, daß dieselben in irgend einer späteren Geschlechtsfolge wieder zum Vorschein träten. Solche Erscheinungen finden in der That statt. Darwin z. B. führt die Neigung der Pferde, streifig zu werden, als Beleg dafür an. Querbinden an den Beinen lernten wir z. B. am afrikanischen und syrischen Wildesel (Fig. 7 und S. 133) kennen. Aber auch gemeine Esel, Eselbastarde und echte Pferde der verschiedensten Rassen wie Gegenden zeigen zuweilen eine Streifung des Rückens und der Beine. Ich sah dergleichen in Afrika, Polen, Italien, Frankreich und Skandinavien an grauen, graugelben, graubraunen, röthlichbraunen und braunen Thieren. Nach Darwin's Annahme weist nun dieses Vorkommen auf gelegentliche Rückschläge der Einhufer nach ihrem gemeinsamen Urerzeuger hin, welcher, ähnlich dem Zebra oder Quagga, gestreift gewesen sein würde. Hipparion (S. 131) besitzt bekanntlich zwei nicht zum Gebrauch dienende behufte Afterzehen, welche sich bei unserem Pferde nur noch als dürftige Reste in den sogenannten Gleich- oder Sesambeinen, d. h. kurzen, dreieckigen Knöchelchen, finden. Man beobachtet aber auch zuweilen Pferde mit wirklichen Afterzehen an den bis zur Einlenkung zwischen Mittelfuß und Fesselbeinen verlängerten Griffelbeinen. Das wird nun für einen Rückschlag des Pferdes zur vorweltlichen Hipparion-Form gehalten.

Darwin erklärt ferner die Vielbrüstigkeit von Weibern und selbst Männern, die sich manchmal, z. B. in Oman, geschlechtweise forterbende Vielfingerigkeit von Menschen und Vorkommen gewisser Knorpelvorsprünge im äußeren Ohre für Rückschläge in die Stammform des Menschen (S. 128 ff.). Für Rückschläge erklärt man es auch, wenn in Merinoherden oder in denen von Leicesterschafen und anderen Rassen, in denen seit mehr als hundert Jahren nur weiße, ungefärbte Thiere zur Zucht verwendet sind, zuweilen ein geflecktes, ein gelbes oder ein schwarzes Lamm erscheint. Manche der vermeintlichen Atavismen beschränken sich nur auf ganz unbedeutende Einzelnheiten in der Färbung, Gestaltung einzelner Körpertheile u. s. w. Nathusius sagt daher mit Recht, daß die Bedeutung solcher Rückschläge lediglich davon abhänge, welche Eigenschaften in Betracht kämen. Settegast spricht nun in seinem berühmten Werke über Thierzucht die Ueberzeugung aus, daß die in den angeblichen Rückschlägen sich äußernden Eigenschaften immer, wenn auch verbunden oder durch geschlechtliche Eigenart verdeckt, in den Eltern vorhanden gewesen sein müssen. Diese oder jene Eigenschaft der Eltern, die in dem Kinde maskirt, niedergehalten werde, vielleicht durch eine andere Eigenschaft ausgeglichen sei, könne sich in den Großkindern wieder lösen. Die Aneinanderreihung der von den Eltern herrührenden Eigenschaftsverkettungen kommen so zu liegen, daß Einzelnes, was die Eltern besessen hätten, klarer hervortrete und sich deutlicher abhebe, als es an den Eltern wahrgenommen werde. Uebrigens liegt, wie auch Settegast zweifellos andeuten will, bei Untersuchung angeblicher Rückschlags-

Erscheinungen, die Gefahr nahe, mit solchen die Erscheinungen der Variabilität in den Formen und Eigenschaften zu verwechseln.

Häckel bemerkt, daß wenn Kulturpflanzen oder Hausthiere verwilderten, wenn sie also den Bedingungen des Kulturlebens entzogen würden, so gingen sie Veränderungen ein, welche nicht blos als Anpassungen, sondern auch theilweise als Rückschläge in die uralte Stammform erschienen, aus welcher die Kulturformen erzogen worden seien. Hiefür gibt es allerdings der Belege genug.

Als ein anderes Gesetz der erhaltenden oder conservativen Vererbung wird von Häckel dasjenige der geschlechtlichen oder sexuellen Vererbung bezeichnet, welchem zufolge jedes Geschlecht auf seine Nachkommen desselben Geschlechtes Eigenthümlichkeiten überträgt, welche es nicht auf die Nachkommen des anderen Geschlechtes vererbt. Hierzu liefern die untergeordneten oder secundären Geschlechtseigenthümlichkeiten (Darwin) die Belege. Diese sind aber Eigenthümlichkeiten des einen der beiden Geschlechter, welche nicht unmittelbar mit den Geschlechtswerkzeugen zusammenhängen. Sie werden in der Regel vom männlichen Organismus nur auf den männlichen, vom weiblichen nur auf den weiblichen vererbt. Dazu gehören für das männliche Geschlecht z. B. das Geweih des Hirsches, das Gehörn der Böcke, mancher Antilopen, mancher Schaf- und Ziegenrassen, die Mähne des Löwen, der Sporn des Hahnes, der Bart des Mannes. Beim weiblichen Geschlecht machen sich in dieser Hinsicht die Brüste der Frauen, die Milchdrüsen der weiblichen Thiere, der Beutel der weiblichen Beutelthiere u. s. w. bemerklich.

Das weibliche Rennthier ist eben so wie das männliche geweiht. Darwin meint nun, daß das Geweih vom Rennthierbock auf die Rennthierkuh in einer Zeit übertragen worden sein müsse, welche dem Abzweigen der verschiedenen Species von einer gemeinsamen Stammform folgte, daß dies aber nicht zu dem Zwecke bewirkt wurde, dem Weibchen einen besonderen Vortheil (durch Besitz einer Wehr oder dgl.) zu gewähren. Es giebt nun mancherlei Ausnahmen von den oben erwähnten Erscheinungen. So

Fig. 35. Kopf einer hornlosen Yakkuh.
Nach dem Leben gezeichnet von G. Mützel.

erhalten sehr alte Ricken wohl einen kurzen Stirnzapfen und setzen schwache Geweihe auf. Gehörnte Yakkühe werfen gehörnte und ungehörnte Nachkommen durcheinander (z. B. Fig. 35). Dasselbe findet sich bei Zebus und anderen Rinderformen. Weiber haben zuweilen Bärte, Männer, die sonst mit allen Eigenschaften ihres Geschlechtes ausgerüstet sind, haben Brüste, selbst überzählige (S. 219) u. s. w. Auch in der Körpergröße, in der Schädel- überhaupt Skeletbildung, in der Gestaltung der äußeren Form, in der Beschaffenheit der Haut und Haare, in der Stimmgebung u. s. w. weichen männliche Geschöpfe von den weiblichen ab.

Häckels Gesetz der gemischten oder beiderseitigen (amphigonen) Vererbung betrifft den alten Erfahrungssatz, daß jedes organische, auf geschlechtlichem Wege erzeugte Einzelwesen von beiden Eltern Eigenthümlichkeiten annehme. Durch den verschiedenen Antheil ihres Charakters, welchen Vater und Mutter auf ihre Kinder vererben, werden vorzüglich die individuellen Verschiedenheiten der Geschlechter bedingt.

Verfasser behandelt bei Betrachtung seines eben genannten Gesetzes auch ganz folgerichtig die Bastardzeugung oder den Hybridismus als eine zugehörige Erscheinung. Bastarde oder Hybriden sind die Erzeugnisse der geschlechtlichen Vermischung von ursprünglich verschiedenen Arten, Species. Wir haben schon mannigfache Bastardformen aufgeführt, z. B. S. 194 ff. Hunde begatten sich fruchtbar mit Schakalen, wie beifolgend abgebildeter Hybride zwischen dänischer Dogge und jener wilden Form zeigt (Fig. 36), ferner auch mit Wölfen. Es gibt ferner deren zwischen Dschiggetai und Zebra, gemeinem Esel und Malteser Esel, mit Zebra, Esel und

Fig. 36. Bastard zwischen Schakal und dänischer Dogge. Nach einer Photographie.
(Pariser Pflanzengarten.)

Burchell's Zebra, Dschiggetai und gemeinem Esel, zwischen den Hybriden aus dem Sprung von Esel und Zebra mit einem Poney u. A.

Fig. 37. Bastard zwischen hornlosem schwarzem Yakstier und gehörnter Kuh von den azorischen Inseln. Nach einer Photographie.
(Pariser Pflanzengarten.)

Der Yak paart sich erfolgreich mit Zebu's und beliebigen gewöhnlichen Rindern (Figur 37), desgleichen Kameel und Dromedar (S. 209), Vicuña und Alpaca (Alpavigogne), Angoraziegen mit gewöhnlichen Ziegen, Steinböcke mit Hausziegen u. s. w. u. s. w. Manche dieser Bastarde haben eine Fortpflanzungsfähigkeit von bald längerer, bald kürzerer Dauer. So hat man die Bastarde von Hund und Wolf, von Hund und Schakal in beschränkter Weise sich paaren sehen. Dasselbe war der Fall mit Maulthieren sowie mit den vorhin erwähnten in dem schönen Thierwerk über die Knowsley-Menagery des Lord Derby abgebildeten Eselbastarden. Ueber die Grenze der Fortpflanzungsfähigkeit von Bastarden der Yaks und Rinder ist noch nichts Sicheres bekannt. Die sogenannten Bastardsteinböcke, Abkömmlinge der echten Alpensteinböcke und der Hausziegen, pflanzen sich fort.

Bedingungslos fruchtbar paaren sich Zebu und Rind verschiedener Rassen, Wildschwein und europäisches Hausschwein, dies und indisches Schwein, dies und Wildschwein. Aber auch Hasen und Kaninchen *sollen* sich fruchtbar miteinander vermischen. In Frankreich hatte man die angeblich bedingungslos sich fortpflanzenden Hybriden zwischen beiden Thieren, welche eine gewisse Beständigkeit in ihrer Form zeigen sollten, *Hasenkaninchen* oder *Leporiden* genannt. Häckel beobachtete solche Hasenkaninchen, deren Eltern selbst Bastarde von einem Hasenvater und einer Kaninchenmutter waren. Diese Bastarde besaßen, obwohl sie im Ganzen mehr der Kaninchenmutter ähnlich sahen, doch in der Bildung der Ohren und der Hinterbeine bestimmte Eigenschaften eines Hasenvaters.

Das Fleisch schmeckte hasenartig, während doch die Farbe des Thieres mehr kaninchenartig war. Häckel nennt die Leporiden, Darwin zu Ehren, die Darwin-Hasen (Lepus Darwinii). Angeblich echte Hasenkaninchen, welche ich im Herbst 1874 zu Kopenhagen sah, waren allerdings in mancher Hinsicht überraschend hasenähnlich gebildet. Darunter fanden sich auch zwei dunkelschwarzgraue Stücke. Andere, von mir in verschiedenen deutschen Ausstellungen und in Frankreich gesehene Individuen waren aber mehr kaninchenähnlich. Nathusius bemerkt nun, die Leporidenzucht habe sich als Schwindel erwiesen. Zu Proskau in Schlesien sind, soviel mir bekannt, die Versuche zur Erzielung der Leporiden nicht von glücklichem Erfolge gekrönt gewesen. Bis 1867 konnte man im Acclimatisationsgarten zu Paris keine Hasenkaninchen züchten. Heutzutage soll es dort nicht besser stehen. W. Hochstetter hält die französischen und englischen angeblichen Leporidenlieferungen für Betrügereien mit gewöhnlichen hasenfarbenen Kaninchen. Prinz H. v. Schaumburg-Lippe soll jedoch eine neue Rasse, die Bückeburger Leporiden, gezüchtet haben, in welchen wirklich Hasenblut fließt. Eine solche Leporidin soll jährlich 60—70 Junge werfen. Ist die von Hochstetter und Anderen geschilderte Entstehung des sogenannten Widderkaninchen (Lapin bélier) die wahre, dann würde diese Rasse schon eine Art Leporidenzucht darstellen. Sie soll nämlich vom langohrigen capischen Hasen abstammen. Diese Thiere erreichen eine Schwere von 9—10, selbst 12 und 15 Pfund.

Die Frage, ob Bastarde auf die Dauer fortpflanzungsfähig seien oder nicht, wird gewöhnlich im verneinenden

Sinne beantwortet. Wir sind freilich mit unseren hierauf bezüglichen Experimenten und Studien noch nicht zu Ende gediehen. Man hat Thiere, welche sich fruchtbar miteinander paaren, wohl nur zu Varietäten, Rassen einer Art, diejenigen Thiere aber, welche sich nicht fruchtbar mit einander paaren, zu Vertretern besonderer Arten gestempelt. Aber trotzdem sehen wir Geschöpfe, welche nach Ansicht hervorragender Forscher verschiedenen Arten angehören, sich bedingungslos mit einander paaren. Hier wie überall scheint die Artgrenze nicht scharf genug gezogen zu sein. Die Thier- und Pflanzenkunde muß in Bezug auf die oft so unverantwortlich leichtsinnig und kritiklos vollzogene Charakterisirung von Arten, ja selbst von Gattungen und Familen (S. 20 ff.) genau durchsichtet und umgewühlt, sie muß gewissermassen neubegründet werden. In sehr vielen Fällen wird man sich genöthigt fühlen, mindestens den Artbegriff ungemein zu erweitern, vielleicht wird man ihn häufig ganz streichen und an seine Stelle den Gattungsbegriff setzen, innerhalb dessen das wahrhaft schrankenlose Variiren vieler Formen Spielraum findet. Vielleicht genügt noch nicht einmal der letztere, vielleicht muß man noch weiter in das Allgemeine hinausgreifen. Natürlich bedarf es zur Ausführung derartiger Leistungen noch riesiger Vorarbeiten. Ob man aber bei einstiger festerer Normirung der Thierformen noch soviel auf die Möglichkeit einer fruchtbaren Bastardzeugung und Bastardmischung geben werde, ist gar sehr die Frage. Darwin bemerkt in dieser Hinsicht Folgendes: „Gewisse Naturforscher haben neuerdings, wie es mir scheint, ein zu großes Gewicht auf die Verschiedenheit in der Fruchtbarkeit zwischen Varietäten und Species bei der Kreuzung gelegt. Einige verwandte Species von Bäumen können nicht aufeinander gepflanzt werden, — alle Varietäten können gepfropft werden. Einige verwandte Thiere werden von demselben Gift in einer sehr verschiedenen Weise afficirt, aber von Varietäten war ein derartiger Fall bis ganz vor Kurzem nicht bekannt. Jetzt ist aber erwiesen, daß Unempfindlichkeit gegen gewisse Gifte in manchen Fällen in Beziehung mit der Farbe des Haares steht. Die Trächtigkeitsdauer geht bei verschiedenen Species in beträchtlicher Weise auseinander, aber bei Varietäten ist bis neuerdings keine solche Verschiedenheit beobachtet worden. Die zur Keimung der Saamen erforderliche Zeit differirt in einer entsprechenden Weise und es ist mir nicht bekannt, daß irgend eine Verschiedenheit in dieser Beziehung bis jetzt bei Vartietäten entdeckt worden ist. Wir haben hier verschiedene physiologische Abweichungen und ohne Zweifel ließen sich noch andere hinzufügen zwischen einer Species und einer anderen einer und derselben Gattung, welche bei Varietäten gar nicht oder nur in äußerster Seltenheit auftreten; und diese Verschiedenheiten stehen offenbar gänzlich oder der Hauptsache nach in zufälligem Zusammenhange mit anderen constitutionellen Verschiedenheiten genau in derselben Weise wie die Unfruchtbarkeit gekreuzter Arten in zufälligem Zusammenhange mit den Verschiedenheiten steht, die auf das Geschlechtssystem beschränkt sind. Warum sollten nun diese letzteren Verschiedenheiten, so dienstbar auch dieselben indirect dazu sind, die Bewohner desselben Landes von einander gesondert zu halten, für so ganz besonders wichtig gehalten werden, in Vergleich mit anderen zufälligen und funktionellen Verschiedenheiten? Auf diese Frage läßt sich keine hinreichende Antwort geben. Es enthält daher die Thatsache, daß die am meisten verschiedenen domesticirten Varietäten mit seltenen Kreuzungen vollkommen fruchtbar sind und fruchtbare Nachkommen hervorbringen, während nahe verwandte Arten mit seltenen Ausnahmen mehr oder weniger unfruchtbar sind, auch nicht annähernd einen so bedenklichen Einwurf gegen die Theorie der gemeinsamen Abstammung verwandter Formen, als sie auf den ersten Blick zu enthalten scheint." Nach Nathusius' Ansicht sind wir nicht berechtigt, den Artbegriff ohne Weiteres aus den Thatsachen festzustellen, welche die bedingte oder bedingungslose Fruchtbarkeit der Nachkommen ergiebt. Dieser, wie auch Häckel's Ausspruch, „daß Bastardzeugung nicht dazu dienen könne, den Begriff der Art irgendwie zu charakterisiren", beruhen meiner Meinung nach auf richtiger Würdigung der Verhältnisse.

Häckel führt ferner sein Gesetz der abgekürzten oder vereinfachten Vererbung an, welches ihm von Wichtigkeit für die Embryologie oder Ontogenie, d. h. die Entwicklungsgeschichte der organischen Individuen ist. Letztere sollte nur eine kurze und schnelle, durch die Gesetze der Vererbung und Anpassung bedingte Wiederholung der Phylogenie, d. h. der palaeontologischen Entwicklungsgeschichte des ganzen organischen Stammes oder Phylum sein, zu welchem der betreffende Organismus gehört (S. 85). Verfolge man z. B. die individuelle Entwicklung des Menschen, des Affen oder irgend eines anderen höheren Säugethieres innerhalb des Mutterleibes vom

Ei an, so finde man, daß der aus dem Ei entstehende Keim oder Embryo eine Reihe von sehr verschiedenen Formen durchlaufe, welche im Ganzen übereinstimmen oder wenigstens parallel seien mit der Formenreihe, welche die geschichtliche Vorfahrenkette der höheren Säugethiere uns darbiete. Zu diesen Vorfahren gehörten gewisse Fische, Amphibien, Beutelthiere u. s. w. Niemals seien aber der Parallelismus oder die Uebereinstimmung dieser beiden Entwicklungsreihen ganz vollständig. Vielmehr gebe es in der Autogenie immer Lücken und Sprünge, welche dem Ausfall einzelner Stadien der Phylogenie entsprächen. Nicht alle Entwicklungsformen, welche unsere Stammeltern durchlaufen hätten, seien in der Formenreihe unserer eigenen individuellen Entwicklung noch sichtbar.

Häckel stellt nun den früher erörterten Gesetzen der erhaltenden oder conservativen Vererbung diejenigen der fortschreitenden oder progressiven (S. 216) entgegen. Hier verbindet sich die Anpassung bereits mit der Vererbung. Obenan stehe das Gesetz der angepaßten oder erworbenen Vererbung. Das heißt, unter bestimmten Umständen sei der Organismus fähig, alle Eigenschaften auf seine Nachkommen zu vererben, welche er selbst erst während seines Lebens durch Anpassung erworben habe. Am deutlichsten zeige sich diese Erscheinuug natürlich dann, wenn die neu erworbene Eigenthümlichkeit die ererbte Form bedeutend abändere. Es vererben sich bekanntlich viele Krankheiten, ferner gewisse Eigenthümlichkeiten in der äußeren Bildung, z. B. Albinismus oder Kakerlakenthum. Letztere Eigenthümlichkeit läßt sich, wie in weißen Kaninchen, weißen Ratten und Mäusen u. A. künstlich fortzüchten. Abänderungen, welche sich fortpflanzen, können theils dem Mutterindividuum angeboren, theils von demselben erst während des Lebens erworben sein. Angeboren sind z. B. Krankheiten, Albinismus, Vielzähligkeit der Finger und Zehen (über fünf) u. s. w. Zufällig ungehörnt geborne Rinder erzeugen für große Geschlechtsfolgen ungehörnte Nachfolger, so die britische Rasse Angus=Ohnehorn und die französische Sarlabot, Thiere, deren Entstehungsgeschichte man genau kennt. Ein Individuum kann nun im Laufe seines Lebens in Folge von mancherlei ungünstigen Umständen sich eine Krankheit holen und die Neigung dazu auf seine Nachkommen vererben. Die Medizin des täglichen Lebens liefert uns Beispiele genug, welche obigen Satz lediglich bestätigen.

Bei diesen Betrachtungen entsteht nun die Frage, ob sich auch während des Lebens erworbene Verwundungen, Verstümmelungen fortzuerben vermöchten oder nicht. Man begegnet in Beziehung hierauf bejahenden Ausführungen. P. Lucas, Sedgwik, Darwin und Häckel geben uns mehrere passende Beispiele. Sogar L. Fitzinger, sonst nicht gerade ein Freund von Darwin's Lehren, bemerkt, daß die in Oberägypten nicht seltene, kurzohrige Ziege nur eine stattgehabte Verstümmelung ihres Ohrlappens bereits seit Geschlechtsfolgen fortzuerben scheine, wie denn auch beim spanischen Hühnerhunde eine durch Generationen fortgesetzte Beschneidung des Schwanzes endlich zum bleibenden Merkmale sich ausgeprägt habe. Noch jetzt kappen die Anbauer der Nilufer und der Gefilde Syriens zuweilen die abenteuerlich langen Ohren ihrer Ziegen, um dieselben gegen Beschädigung zu sichern. Es hat diese künstlich veranlaßte Kurzohrigkeit der ägyptischen Ziegen unstreitig nichts mit jenen Unregelmäßigkeiten angeborner Bildung zu thun, wie wir sie in den sogenannten Mausohren der Würfe mancher Schafmütter antreffen u. s. w.

Das Gesetz der befestigten oder constituirten Vererbung äußert sich nach Häckel darin, daß Eigenschaften, welche von einem Organismus während seines individuellen Lebens erworben wurden, sich um so sicherer auf seine Nachkommen forterben, je längere Zeit hindurch die Ursachen jener Abänderung einwirkten, und daß diese Abänderung um so sicherer Eigenthum auch aller folgenden Generationen wäre, je längere Zeit hindurch auch auf diese die abändernde Ursache einwirkte. Die durch Anpassung oder Abänderung neu erworbene Eigenschaft müsse in der Regel erst bis zu einem gewissen Grade befestigt oder konstituirt sein, ehe mit Wahrscheinlichkeit darauf zu rechnen sei, daß sich dieselbe auch auf die Nachkommenschaft erblich übertrage.

Darwin's Gesetz der Vererbung im correspondirenden Lebensalter nennt Häckel dasjenige der gleichzeitigen oder homochronen Vererbung. Das Kalb und der junge Hirsch erhalten ihre Hörner und Geweihe in demselben Lebensalter, wie ihre Eltern. Erbliche Erkrankungen der Lunge, Leber, der Zähne, des Gehirnes, der Haut u. s. w. erscheinen bei den Nachkommen gewöhnlich in der gleichen Zeit oder nur wenig früher, als sie beim elterlichen Organismus eingetreten sind oder von diesem überhaupt erworben wurden.

Mit vorigem in engem Zusammenhange würde Häckel's Gesetz der zeitlichen oder homotopen Vererbung stehen. Man könnte es, nach jenes Verfassers Ausdruck, auch das Gesetz der Vererbung an korrespondirender (entsprechender) Körperstelle nennen. Gewisse gefärbte Körperpartbien, gewisse Geschwülste u. s. w. erben sich Generationen hindurch in demselben Lebensalter und an denselben Punkten der Haut fort.

Man hat viefach behauptet, die Gesetzmäßigkeit in den Erscheinungen der Erblichkeit seien noch nicht erkannt, Vererbungsgesetze seien noch nicht gefunden. His bemerkt, Häckel hätte besser gethan, seine sogenannten Vererbungsgesetze als bloße, durch die Erfahrung vermittelte Modalitäten der Vererbung zu bezeichnen. Er hätte es alsdann der Zukunft überlassen dürfen, die Gesetzmäßigkeit in den Bedingungen ihres Auftretens festzustellen und uns damit die noch unbekannten Gesetze der Vererbung zu enthüllen.

Hierauf läßt sich aber erwidern, daß, wie oben erwähnt worden ist, Häckel seine Vererbungsgesetze selbst nur als vorläufige Bruchstücke bezeichnete. Natürlicherweise bleibt für die Durchforschung dieser Vorgänge noch ein reiches Feld der Arbeit übrig. Aber der auf den nächsten vorhergehenden Seiten beleuchtete Weg zur Erstrebung des Zieles scheint mir doch der richtige zu sein, wenn er vorläufig auch noch so rauh, noch so ungebahnt erscheint. His läugnet die Vererbungsfähigkeit der im individuellen Leben erworbenen Eigenschaften und erklärt die zu Gunsten dieser Annahme aufgeführten Thatsachen für eine Handvoll werthloser Anekdoten.

In Bezug hierauf behält aber Häckel Recht: jede

Pflanzen- und jede Thierausstellung spricht der letzteren von Leipzig ausgegangenen Phrase Hohn.

Werfen wir nun zunächst einen Blick auf die Rassen und die Rassenbildung der Hausthiere. Settegast's Erklärung, was eine Rasse sei, erscheint uns als eine völlig naturgemäße. Dieselbe lautet: „Zu einer Rasse sind alle Individuen zu zählen, welche sich von anderen durch charakteristische Merkmale unterscheiden und diese bewahren, so lange die bedingenden Umstände nicht mächtig genug sind, die Charaktere nicht zu verändern." Diejenigen Forscher, welchen die angebliche Formbeständigkeit der organischen oder Lebewelt als ein Lehrsatz gilt, haben sich besonders auf die ebenfalls angebliche große Uebereinstimmung gestützt, die sich zwischen allen von den alten Aegyptern und Assyrern dargestellten Hausthieren und denen des heutigen Nil- wie Euphratgebietes zeige. Diese Uebereinstimmung ist allerdings für viele Hausthiere überraschend, wenn auch nicht gerade für alle Fälle und Zeiten unfehlbar feststehend. Denn man darf nicht vergessen, daß selbst in diesen Gegenden, namentlich in Folge des erweiterten Verkehres der Neuzeit, gewisse modelnde Bedingungen sich entwickelten, denen manche der uralten Viehschläge unterlagen. Von diesen letzteren sind hier und da nur noch Spuren aufzufinden, welche wohl höchstens dem geübten Kennerblick bemerklich bleiben. Ich erinnere z. B. daran, daß der hübsche, zur Zeit meiner afrikanischen Reise noch leidlich florirende ägyptische Rindviehschlag, der so viele Uebereinstimmung mit dem antiken darbot, später durch schwere Viehseuchen, namentlich durch Löserdürre, dergestalt ruinirt wurde, daß meine dortigen Freunde während der letzten zehn Jahre trotz ängstlichen Suchens nicht mehr im Stande waren, mir Schädel reinblütiger Thiere zu verschaffen. Massenhafte Einfuhr von ausländischen Pferden und Hunden nach Aegypten beginnt die dortigen Schläge der entsprechenden Hausthiere, nachdem dieselben von Außen kommenden Einflüssen so lange Stand gehalten, umzumodeln. Wenn wir nun aber doch bis vor Jahren eine im Ganzen so bemerkenswerthe Uebereinstimmung zwischen den vor Alters bildlich dargestellten und bis in die Neuzeit fortgeflanzten Hausthieren der Wiege unserer Kultur feststellen müssen, so läßt sich auch dafür in folgendem vortrefflich gedachtem und gefaßtem Beweissatze Settegast's die richtige Erklärung finden: „Wenn uns manche Rassen unveränderlich erscheinen, so rührt dies daher, daß entweder der Mensch auf die Erhaltung ihrer charakteristischen Eigenschaften künstlich einwirkt und durch Maßregeln der Zucht die Unveränderlichkeiten aufrecht erhält, oder die Zeiträume, innerhalb welcher sich die Beobachtungen über die Rassen bewegen, zu kurz sind.“

H. v. Nathusius theilt die Hausthierrassen „in natürliche, geographisch begründete und in künstliche oder Cultur-Rassen ein. Seiner Ansicht nach giebt es dann noch eine große Zahl von Individuen aller Hausthierarten, welche sich den beiden hier aufgestellten Begriffen nicht unterordnen lassen, welche weder als natürliche noch als Culturrassen angehörende bezeichnet werden können. Nathusius nennt dieselben rasselose Thiere. Sie sind entstanden: entweder durch Versetzung natürlicher Rassen aus ihrem eigentlichen Fundort in andere Gegenden, welche ihnen nicht dieselben Bedingungen der Entwicklung darboten, wo sie in irgend welcher Art in ihrem Rassetypus verändert wurden, ohne eine bestimmte, neutypische Form anzunehmen;

oder durch Kreuzungen verschiedener natürlicher Rassen, welche in ihrem Fortgang nicht mit consequenter Rücksicht auf typische Gestaltung geleitet wurden;

oder auch dadurch, daß Kulturrassen nicht durch die nöthige Pflege in ihrer Eigenthümlichkeit erhalten wurden und durch Hunger und Kummer auf die natürlichen Anfänge ihrer Entstehung zurückgingen."

Unser Verfasser sucht die natürliche Heimath der rasselosen Thiere in jenen Gegenden, in denen die Viehzucht nicht Basis der Viehhaltung ist, in welche aus anderen Gegenden Thiere eingeführt, und hier nur gelegentlich, nicht regelmäßig und nach überlegtem Plan zur Zucht benutzt werden. Solchen rasselosen Thieren geht jede hervorstechende, den Rassentypus auszeichnende Eigenschaft ab.

Settegast unterscheidet zunächst anerkannte Rassen als solche, welche sich entweder von Alters her fest-typisch gezeigt, oder, wenn neueren Ursprunges, in wesentlichen Merkmalen als neu, eigenthümlich und conform ausgewiesen haben. „Gruppen dagegen, die noch in der Entwicklung begriffen sind, oder die nur in unwesentlichen, die Hauptcharaktere berührenden Stücken von anderen abweichen, zur Rasse deshalb nicht erhoben werden können,

d. h. als solche nicht anerkannt sind, gelten je nach der Qualität ihrer Besonderheiten als Schläge, Spielarten, Stämme, Zuchten oder Familien."

Derselbe Verfasser theilt die Rassen in primitive, Uebergangs- und Züchtungsrassen ein. Erstere sollen in geschichtlicher Zeit eine Veränderung nicht erlitten haben, sollen geblieben sein wie sie waren. Hierzu gehören die Hausthiere namentlich jener halbwilden und wilden Völker, welche auf Gebirgen, Hochflächen, in Ebenen, Steppen u. s. w. ein, mehr abgeschlossenes Dasein führen und einen Fortschritt in ihrem wirthschaftlichen Leben seit grauer Vorzeit nicht mehr wahrnehmen lassen. Diese Ur- oder Primitivrassen vermögen wir in ihrer Natur zu erkennen durch eine Vergleichung alter bildlicher Darstellungen, Ueberlieferungen und alter Skeletreste mit den Erzeugnissen der neueren, denselben Gegenden angehörenden Viehzucht. Das auf den Terrassen von Persepolis so kenntlich in Stein gehauene Fettschwanzschaf folgt noch jetzt in derselben Gestalt dem dasselbe umstellenden Schäferhunde der nomadischen Ilat. Im Halfa-grase der Wüstenräuber von Dongolah weidet noch heut der Widder, dessen granitene Prachtstatuen ehedem die Zugänge und Vorhallen der von Taharga erbauten Tempel zu Napet am heiligen Barkalberge schmückten. Jener Stier, welchem Dirke der Sage nach angefesselt wurde, um durch ihn — eine Strafe für die unwürdige Knechtung Antiope's — zu Tode geschleift zu werden, findet sich in seiner durch die antike Bildwerkgruppe des sogenannten farnesischen Stieres verherrlichten Körperlichkeit noch heut vertreten in jenen kurzhörnigen Nachkommen des Ur (S. 193), die von Algarbiens Küsten an bis zu den Ufern des Euphrat und Tigris sich verbreitet zeigen. Pferdeknochen und (rohe) Pferdebilder der Kurgane oder alten tschudischen Heidengräber erinnern uns an die heutigen, uralo-kaspischen, geringeren Rosse der Kosaken, Türkmenen und Kirgisen u. s. w.

Die Uebergangsrassen Settegast's sind hervorgegangen aus den primitiven und die Veränderungen, welche sie im Vergleich mit den letzteren erlitten haben, sind darauf zurückzuführen, daß der Mensch mit fortschreitender Entwicklung der Wirthschaft ihnen eine sorgliche Haltung und gleichmäßig reichlichere Ernährung angedeihen ließ, als den primitiven Rassen unter entsprechenden wirthschaftlichen Verhältnissen zu Theil wurde. Der ihnen nun gewährte Schutz gegen die Unbilden der Witterung, eine zweckmäßige Wahl der gereichten Nahrungsmittel, das Fernhalten des Mangels daran, diese und ähnliche Mittel konnten nicht verfehlen, begünstigend auf die Entwicklung der Rassen einzuwirken. „Fand auch noch keine von Grundsätzen geleitete Züchtung statt, so wurde doch schon das weniger ergiebige Individuum früher der Schlachtbank zugeführt oder ausgemerzt, als die sich durch Gewährung höheren Nutzen auszeichnenden Stücke der Heerde. Durch unbewußte Züchtung wurden auf diese Weise Körperformen und Eigenschaften der Thiere mehr oder minder durchgreifend verändert, für menschliche Zwecke vervollkommnet. Bei allmählich fortschreitender Kultur und langsamer Entwicklung wirthschaftlichen Lebens bilden Uebergänge der geschilderten Art bei Umbildung der Hausthiere die Regel, und es sind unter solchen Umständen Uebergangsrassen die Herrschenden. Das alte sogenannte Landschwein, welches wir auf wohl erhaltenen Bildern erkennen, zwischen dem sechzehnten und achtzehnten Jahrhundert in vielen Gegenden Deutschlands, Hollands u. s. w. in voller Reinheit gezüchtet wurde, ist z. B. in preußisch Sachsen, Thüringen, Franken, Nordbayern u. s. w. durch Kreuzungen mit nicht allein reinen englischen (indochinesisches Blut in sich habenden) sondern auch nicht ganz rein englischen Schweinen gekreuzt, woraus sich eine echte, die Charaktere des Land- und englischen Schweines zeigende Uebergangsrasse gebildet hat. Dasselbe ist der Fall mit gewissen nordwestdeutschen, z. B. friesischen Schafen, bei denen das alte nordeuropäische Landschaf mit gestrecktem Kopf durch Einführung von Merinoblut zu einer wesentlich neuen, einer Uebergangsrasse geworden ist, welche in manchen Strichen eine gewisse Stetigkeit der Form zeigt. Settegast's Züchtungsrassen (Culturrassen von N. S. 234) sind „Produkte bewußten Strebens nach vorgesteckten Zielen, für bestimmte Zwecke berechnet". Die zoologischen Kennzeichen, die uns bei der Beurtheilung der beiden ersten Rassengruppen leiten, gehen uns hier verloren. Dagegen treten andere Merkmale in den Vordergrund, die wir physiologische nennen können, weil sie mit ziemlicher Bestimmtheit Aufschlüsse ertheilen, ob das Individuum seine Rasse nach der Richtung, in welcher die wirthschaftliche Bedeutung desselben zu suchen ist, würdig repräsentirt. Ihrer Zucht liegt das Prinzip der Ausbildung gewisser Vorzüge und deren allmähliger Steigerung zu Grunde, die Wahlzucht dient als Mittel dazu. Die Leistungsfähigkeit der Rasse entscheidet über ihren Werth. Die Functionen des Körpers, durch welche der

Umsatz der Nahrungsstoffe in nutzbare Produkte bewerkstelligt wird, sind zwar dem Wesen nach bei den Individuen aller Rassen gleich, die Fähigkeit aber vermöge dieser Funktionen ein Mehr oder Minder an Erzeugnissen zu liefern, unterliegt den bedeutendsten Schwankungen." „Die Züchtungsrassen bleiben, selbst wenn sie ohne Einmischung fremden Blutes fortgezüchtet werden, *nie* das, was sie sind. Wie die Natur im stillen, allmähligen, aber nie unterbrochenen Wirken durch natürliche Auswahl die im Zustande der Freiheit lebenden Thiere in langen, langen Zeiträumen umschafft und für die allmählig sich vollziehenden Veränderungen der Außenwelt geschickt erhält, so übernimmt innerhalb der Züchtungsrasse der Mensch die Sorge für die Fortentwicklung und Vervollkommnung der Hausthiere. Aber energischer als die Natur in ihrem Wahlproceß greift er ein und in kürzerer Zeit gelangt dur chihn die begünstigte Form zur Herrschaft, indem die ungeeigneten Individuen entweder von der Zucht ausgeschlossen werden oder, gepaart mit dem Vervollkommneten, in ihren Nachkommen sich der beabsichtigten Umwandlung fügen müssen."

Settegast kennzeichnet alsdann die *verkümmerten* oder *ausgearteten* Rassen. Zur Verkümmerung gelangt die *primitive* Rasse, wenn sie ihren natürlichen Verhältnissen entrückt, durch die Veränderung nachtheilig beeinflußt wird. Das geschieht z. B. mit dem ganz schön gebauten Orma- oder Galapferde, wenn es aus seinen mild umfächelten Triften in die dampfenden Niederungen von Sennaar gebracht wird u. s. w. *Uebergangsrassen verkümmern*, wenn sie weder durch den Vortheil besserer

Ernährung, Pflegehaltung oder eines besseren Klima's begünstigt, noch auch durch das Zurückversetzen in die alten Verhältnisse wieder der primitiven Rasse eingereiht wird. Sie hat dann die Eigenthümlichkeit der letztern verloren, ohne in der Heimath etwas gewonnen zu haben. Die Züchtungsrassen endlich verkümmern, wenn sie reichliche Ernährung aller Thiere und zweckmäßige Haltung entbehren.

Selbst wilde Thiere verkümmern manchmal von Jugend auf, wie Settegast, auf R. Hensel sich stützend, darzuthun sucht. Zeigt doch sogar die Schädelform solcher Thiere die Wirkung der Verkümmerung, sie behält nämlich mit vorrückendem Alter die Jugendbildung, wodurch das Charaktervolle des Kopfes verloren geht.

Rasselose Thiere erkennt auch Settegast an. Er sieht dieselben aus einer grundsatzlosen Zusammenwürfelung der verschiedensten Rassen, aus einer Züchtung in's Blaue hinein, entstehen.

Die Thierproduktionslehre oder vielmehr die wissenschaftliche Behandlung der Viehzuchtslehre ist ein Kind der letzteren Jahrzehnte unseres Jahrhunderts. Nicht als ob es früher an tüchtigen, kenntnißreichen Thierzüchtern gefehlt hätte — man denke u. A. nur an Bakewell, Justinus, Ammon, Burgsdorf, Knobelsdorf, Veltheim, Graux und Andere — nicht als ob man früher tüchtige Lehrer jenes Zweiges der Landwirthschaft vermißt hätte — Namen wie A. Thaer, D. Low, Baumann und noch andere bleiben unvergeßlich —, aber erst seit Ende der dreißiger Jahre sind wir doch erst im Stande, die Sache zugleich theoretisch und praktisch gründlicher behandeln zu können. Wir verdanken die Anregung dazu erstlich dem vorzüglichen Kenner der Pferdezucht Justinus, dann aber in noch höherem Grade dem verstorbenen Commissär für die preußischen Remontedepôts, O. Mentzel. Dieser Letztere sprach Züchtungsgrundsätze aus, welche etwa in den beiden Hauptthesen gipfelten: „Die Vererbung besteht in der Uebertragung des Durchschnittes aller elterlichen und vorelterlichen Eigenschaften auf jedes neue Produkt der Zucht" und „je ähnlicher die Eigenschaften jeder Generation denen der Voreltern sind, desto constanter sind sie auch, je constanter sie sind, desto sicherer ist auch ihre gleichartige Vererbung."

Mentzel, welchem ich übrigens, als einem alten, bewährten und liebenswürdigen Familienfreunde das treueste Andenken bewahre, betonte mir gegenüber bei öfteren Besprechungen in den Jahren 1867—69 diese Hauptsätze als die Grundlagen seiner Ansichten über Thierzucht. Dies gerade bei Gelegenheiten, wo ich ihn, Nathusius' epochemachendes Büchlein: „Ueber Constanz in der Thierzucht" zur Hand, befragte. Bei seiner einflußreichen Stellung im preußischen Kriegsministerium konnte es nicht fehlen, daß Mentzel seinen Ideen in den maaßgebenden Kreisen Verbreitung zu schaffen wußte.

Lebhaft stimmte den Mentzel'schen Ansichten A. von Weckherlin zu. Derselbe versuchte die sogenannte Constanzlehre noch mehr zu befestigen und noch weiter auszubauen. Weckherlin versteht unter Constanz eine in kleinerer oder größerer Anzahl von Geschlechtsfolgen, deren

Eigenschaften entweder einzeln oder insgesammt gleichartig waren, entstandene Fähigkeit oder Potenz der Thiere, ihre, ihrer Rasse, ihrem Stamme oder ihrer Familie eigenthümlichen Gesammt- oder Einzelneigenschaften mehr oder weniger sicher und ohne Rückschlag (mit Beständigkeit) auf ihre Nachkommen zu vererben. Die Eigenschaft eines Stammes, seine Gesammtbeschaffenheit constant zu vererben, wird von ihm auch mit dem Ausdrucke consolidirt bezeichnet.

Weckherlin widmete zunächst den Erscheinungen der Vererbung die größeste Aufmerksamkeit. Er sieht seit Jahrhunderten der Erfahrungen und Bestätigungen den theilweisen Einfluß auch der Voreltern auf die Vererbung ihrer Descendenz feststehen. Der Grad dieses Einflusses bei der Züchtung muß zu erforschen gesucht werden. Die Thiere erben ihre Beschaffenheit, ihre Eigenschaften von einer Reihe ihrer Eltern und Voreltern. Es wird ferner auch der Rückschläge, der Erscheinungen des Atavismus (S. 218) gedacht, welche nach nicht selten stattfindender Ruhe, einer Latenz, im unmittelbaren Nachkommen, erst wieder in den Enkeln sich geltend machen. Es giebt sich die Erfahrung des Atavismus in manchem Sinnspruch schon der älteren Thierzüchter kund. Für diese Berufsklasse ist es nun von großer Wichtigkeit, daß die von ihr gewünschten Eigenschaften in ihren Zuchtthieren in einer Reihe ihrer Voreltern ohne bedeutendere Abweichung, mit Beständigkeit, begründet seien, d. h. Constanz hätten. Bei einzelnen Thieren wird eine entschiedene überwiegende Vererbungsfähigkeit beobachtet. Könne man weit auf die Voreltern desselben zurückgehen, so finde man gewöhnlich den

Grund davon in dem mehr oder weniger hohen Grade von Constanz in den — wenn auch einzelnen Eigenschaften des einen Theiles gegen die des andern Theils der gepaarten Thiere, d. h. wenn die Eigenschaften durch eine größere Menge von Geschlechtsfolgen gleichartiger Voreltern bei dem einen Thiere fester begründet sind als bei dem anderen, welches mit ihm gepaart wird. Weckherlin führt als Beispiel hierzu Folgendes an: Wenn man einen Bock, hervorgegangen aus der Kreuzung von Merino- und irgend einer anderen Rasse, mit einem Landschafe paart, so schlägt der Nachkomme nicht halb nach dem Vater und halb nach der Mutter, sondern überwiegend nach der letzteren. Denn in den Landschafen sind die Eigenschaften in langer Reihe von ähnlichen männlichen und weiblichen Voreltern fest begründet; jener aus Kreuzung hervorgegangene Bock stammte von ungleichen Eltern. Derselbe übertrug seine im Aeußern ausgedrückten Eigenschaften nicht ebenso zur Hälfte wie wenn er reiner Abkunft wäre, in ihm findet sich zweierlei Blut bei der Zeugung der Nachkommen, die Vererbung ist getheilt, ungleich — unbeständig — wirkend; in der Mutter wirkt nur einerlei Blut auf das Produkt der Zeugung, dies ist daher ungetheilt, gleich, beständig (constant) und hat die Oberhand gewonnen.

Haben nun Vater und Mutter je in ihren verschiedenen Eigenschaften einen gleich hohen Grad von Constanz erreicht oder gehört jedes von ihnen einer reinen Rasse an, welche noch keiner wesentlichen Veränderung unterlegen ist, so erwerben die Jungen im Durchschnitt die Eigenschaften der Eltern zu gleichen Theilen. Werden mehrere Junge auf einmal gezogen, so ererben im Falle gleicher Constanz die Jungen im Durchschnitt gleich viel vom Vater wie von der Mutter, obwohl das eine darunter mehr dem Vater, das andere mehr der Mutter gleichen, im Dritten vielleicht das Bild des Vaters mit dem der Mutter gleich verschmolzen sein kann.

Weckherlin spricht alsdann von der Innzucht oder Innzüchtung der Hausthiere, d. h. der Züchtungsart, bei welcher die Nachzucht von einer Rasse, einem Stamme, Schlage, auch ursprünglich nur von einzelnen Thieren, ohne Vermischung mit andern, d. h. immer nur wieder in sich (ohne Rücksicht auf Blutsverwandtschaft) fortgezüchtet wird. Die Anempfehlung der Innzüchtung gehört nun zu den Hauptgrundsätzen der Weckherlin'schen Produktionslehre. Letzterer bemerkt ferner, daß wenn man Thiere erster Generation von Eltern verschiedener Rasse — also aus Kreuzungen entstandene Thiere (Mestizen) miteinander paart, so erscheinen, wenn beide gleichviel von den Eltern ererbten, in den Produkten häufig Rückschläge auf Großeltern, Urgroßeltern und noch weiter zurück. Wenn die Thiere aus jener ursprünglichen Kreuzung immer wieder unter sich gepaart, in Innzucht fortgezüchtet werden, so vermengen sich beider Eigenschaften oft schwerer, daher langsamer, oft leichter, daher schneller. Je unähnlicher sich die Thiere oder je constanter beide Rassen zugleich waren, desto länger dauert es, bis sich die neu zu bildende constant zeigt; es fehlt nicht an Beispielen, daß in solchen Fällen eine Constanz zu erreichen fast unausführbar war; es kommen Rückschläge nach vielen Generationen hier und da wieder vor.

Schneller vermindern sich diese Rückschläge, wenn, wie z. B. bei Veredlung, zu den aus der Kreuzung hervorgegangenen Mutterthieren (Mestizen) immer wieder männliche Thiere vom gleichen Blute des Vaters verwendet werden. Sobald man mit der Wahl des zur Veredlung zu bestimmenden Stammes glücklich ist, so daß er sehr constant sich zeigt und seine Beschaffenheit nicht zu sehr von der des zu veredelnden Stammes abweicht, so verbreiten sich die bessern Eigenschaften der Väter von Generation zu Generation mehr. Die Verbesserung zeigt sich in Vergleichung der zu verbessernden Thiere anfangs am augenfälligsten, es nimmt dieses ab, je kleiner immer der Unterschied wegen stets zunehmender Verbesserung der weiblichen Thiere wird; das edlere Blut verdrängt nach und nach das andere, so daß von Generation zu Generation der Rückschläge weniger werden, diese endlich fast ganz aufhören und dann die Zucht der zur Veredlung gewählten Rasse in Eigenschaft und Constanz immer gleicher wird. — Je *ähnlicher* die Thiere in ihren *Eigenschaften* und *Anlagen* dazu sind, desto leichter werden diese auf einander übertragen. In solchen Fällen können auch vorübergehende Einmischungen fremden Blutes, Kreuzung, von guter Wirkung sein. Wenn aber nur Thiere aus *unbekannter Kreuzung* mit anderen auf gleiche Weise entstandenen gepaart werden, so ist ein sicheres Resultat sehr leicht zu erzielen; man beobachtet im Gegentheil meist Verschlechterung der Zucht. Man arbeitet dann nicht mit Sicherheit, man weiß nicht, welches Blut verdrängt, welches begünstigt werden soll.

Es zeigt sich sehr unsicher, einen einzelnen Fehler des

einen Thieres durch die in diesem Stücke erhaltene Vollkommenheit des andern Thieres in den Produkten bleibend auszutilgen, wenn dieses nicht in der Constanz darin überwiegt.

Bei großer Verschiedenheit in der Körperbeschaffenheit der Thiere entstehen nicht selten durch körperliche Mißverhältnisse für die Zucht werthvolle Mitteldinge. So z. B. erzeugen gemeine Schafe mit hochedlen Merinos in den Produkten aus erster Kreuzung manche Thiere mit einer sie im Werthe sehr heruntersetzenden Ungleichheit der Wolle. Aehnliche Mißverhältnisse kommen bei der Paarung orientalischer Pferde mit plumpen gemeinen Landpferden u. dgl. vor. Aus der Zusammenpaarung sehr großer mit sehr kleinen Rassen kommen unproportionirt gestaltete Mitteldinge hervor; dies vorzugsweise bei großen männlichen und kleinen weiblichen, nicht ebenso umgekehrt bei kleinen männlichen und großen weiblichen Thieren.

In einer und derselben Rasse von Hausthieren sind die Individuen niemals gleich gebauet. Wenn man daher unter ihnen einzelne Thiere finden kann, welche diejenigen Eigenschaften besitzen, die man unter der Herde verbreiten will, so kommt man, wenn immer solche Individuen ausgewählt werden, durch die auf diese Weise betriebene Innzucht oft weit schneller und sicherer zum Ziele, zu einer Constanz der gewünschten Eigenschaften, als wenn fremdes Blut eingemischt wird. Die gewählten Eigenschaften bilden sich viel schneller aus, die Vererbung derselben steigt mit jeder Generation auffallend, weil schon im Blut der ganzen Herde die Anlage solcher Eigenschaft, wenn auch nicht immer sichtbar, verbreitet ist. Solche Innzucht ist die allgemeinere Züchtungsweise, dies in ganzen Ländern, von welchen Landesrassen bekannt sind, wie in einzelnen Herden, in den innerhalb eines Landes gehaltenen besonderen Rassen wie auch in den durch Vermischung entstandenen Schlägen, welche unter sich weiter consolidirt werden sollen.

Unser Verfasser räth, von der Innzucht fehlerhafte und schwächliche Individuen sorgfältig auszuschließen, um nicht etwa eine sich in schneller Vererbung steigernde Ausbildnng jener Fehler und Schwächen herbeizuführen. Achtet man bei einseitiger Richtung auf immer höhere Veredlung zu wenig auf kräftigen und wohlgebildeten Körperbau, so wird man erfahren, wie die Verschwächlichung bei jeder Geschlechtsfolge zunimmt. Wenn man nun die Innzucht planmäßig auf Zucht näherer Blutsverwandtschaft der Thiere zurückführt, so zeigen sich jene früher erwähnten günstigen Erfolge ebenso wie die zuletzt angeführten Gefahren in noch höherem Grade. Den letzteren begegnet man dann in der Folge am Besten mit Blutauffrischung.

Weckherlin will die Innzucht ohne Blutsverwandtschaft (Rassenzucht) von derjenigen mit Blutsverwandtschaft getrennt wissen. Beides kann nun vorkommen innerhalb einer reinen Rasse (Reinzucht) oder innerhalb eines bereits constanten, durch frühere Mischung von zwei oder mehreren Rassen entstandenen Stammes. Ferner kann dasselbe geschehen in einer erst neu unternommenen Vermischung zur Consolidirung der neuen Zucht.

Innzucht oder Rassenzucht ist die innerhalb einer Landesrasse, in einzelnen Herden, Gestüten u. s. w. natürliche, gewöhnliche. Sie findet selbst da noch statt, wenn z. B. aus vielen Herden der Landesrassen oder aus vielen Herden von constant erhaltenen Merinos (Electoral oder Negretti) oder wenn edle Pferde aus Arabien mit ebenso rein in Europa gezogenen Pferden arabischer — überhaupt orientalischer Rasse gepaart werden. Verfasser empfiehlt Anwendung der Innzucht, wenn ein Viehstamm, eine Herde u. s. w. eine gewisse allgemeine Vollkommenheit in den Eigenschaften oder Produkten, also ohne erhebliche Fehler erreicht hat, wenn diese den Verhältnissen entsprechen, überhaupt den Anforderungen genügen und durch Einmischung von Thieren anderer Rasse keine lohnende Verbesserung erwarten lassen.

Verwandtschaftszucht ist potenzirte, aufs Höchste getriebene Innzucht. Sind die Bedingungen zur letzteren entschieden vorhanden, ist die Wahl der beiderseitigen Zuchtthiere die sachverständigste, dann ist sie in der Hand des begabten und glücklichen Züchters das Mittel zu den höchsten Erfolgen, in der Hand des minder geschickten Züchters aber kann sie der Grund zu den schwersten Mißgriffen werden. So weit Weckherlin.

Man hat über die Schädlichkeit der Verwandtschaftsheirathen bei den Menschen lebhaft hin- und hergestritten. Manche redeten einer solchen das Wort oder betonten wenigstens ihre Unschädlichkeit. Andere wieder verwarfen dieselbe aus verschiedenen Gründen und empfahlen die außerhalb der Familie anzuknüpfenden Ehebündnisse. Nach Allem, was ich selbst in Erfahrung gebracht, schließe ich mich bedingungslos der letztgeäußerten Meinung an. Verwandtschaftsheirathen dienen nicht zur Verbesserung der

Familien, wogegen die Blutmischung außerhalb des Bereiches derselben Nutzen stiftet. Aehnlich verhält es sich mit den Hausthieren.

Gegen die Justinus-Mentzel-Weckherlin'sche Constanzlehre wandte sich außer Caspari mit besonderem Eifer und mit schlagfertiger, aus großer Erfahrung schöpfender Beredtsamkeit der hier schon so vielgenannte H. v. Nathusius. Die von diesem aufgestellten Grundsätze sind wichtig genug, um auch in ausgedehnter Weise dargestellt zu werden. Er sagt u. A.: „Die Eigenschaften, um welche es sich in der Zucht der Hausthiere handelt, sind in gewissem Maße Produkte der Kunst; die Festhaltung und Steigerung derselben in den Nachkommen beruht, neben den Gesetzen der Vererbung, auf der Fortdauer des künstlichen Einflusses. Dieser ist überall Bedingung. Diese Eigenschaften haben an sich nicht diejenige Constanz, welche die diagnostischen Kennzeichen der Art — Species der Zoologen — haben. Die relativ größere Inconstanz der Varietät bedingt die Möglichkeit künstlicher Rassebildung. Daher Rückschlag auf irgend welchen, sogenannten Urstamm bei Aufhören der künstlichen Einflüsse. Die wirthschaftlichen Eigenschaften der Hausthiere haben verschiedene Constanz je nach ihrer Bedeutnng für den Organismus des Thieres. Einige dieser Eigenschaften verlangen ununterbrochene Unterstützung der Kunst in Haltung der Thiere in höherem Grade, als andere, welche normalere, weniger erzwungene Produkte des Organismus sind. In einzelnen Rassen treten Absicht und Kunst der Züchter relativ zurück vor den natürlichen Einflüssen der Heimath, alte geographisch begründete, natürliche Rassen —; in anderen überwiegen

Zweck und Mittel der Züchter die natürlichen Einflüsse: neuere künstliche Culturrassen.

In den natürlichen Rassen ist eine Blutmischung oft nicht nachzuweisen; in den Kulturrassen ist Blutmischung oft, aber nicht immer, bekannt. Eine Kulturrasse kann aus einer natürlichen Rasse gebildet werden, ohne Einmischung einer anderen Rasse oder mit einer solchen, durch Kreuzung. Die einzelnen Thiere alter, reiner, natürlicher Rassen haben nicht nothwendig gleiche Vererbungsfähigkeit. Die Individualität ist von Bedeutung. Einzelne Individuen natürlicher Rassen zeichnen sich vor anderen derselben Rasse durch größere Fähigkeit aus, sowohl ihre Rasseeigenschaften, als auch *individuelle Potenzen* derselben, oder Abweichungen von derselben, zu vererben.

Die Fähigkeit, Eigenschaften sicher — constant — zu vererben, ist nicht ausschließliches Eigenthum der reinen, natürlichen Rassen.

Die hier ausgesprochenen Sätze über die Vererbungsfähigkeit gelten ebenso für die Kulturrassen. Durch Vermischung von Thieren, welche verschiedenen Ursprungs sind oder verschiedenen Rassen angehören — Kreuzung — sind neue Rassen gebildet, in welchen verschiedene Eigenschaften der Vorfahren zur Einheit sich gestaltet haben.

Es giebt Eigenschaften, welche nicht zu vereinigen sind; deshalb liefert nicht jede Vermischung Verschmelzung der Eigenschaften. Demnach giebt es Kreuzungen, welche niemals constant werden können. In neugebildeten, nicht reinen Rassen giebt es Individuen, welche ihre Eigenschaften *constant vererben*; die Vererbungsfähigkeit ist nicht durch Rassereinheit bedingt.

Thiere reiner Rassen und Thiere, welche aus Kreuzungen gebildet sind, können relativ gleiche Vererbungsfähigkeit haben.

Die Vererbungsfähigkeit des einzelnen Zuchtthiers ist, unabhängig von seinem Ursprung, begründet:

generell durch die Qualität der Eigenschaften,

individuell durch das Maß dieser Eigenschaften, in Wechselwirkung mit dem Zustand der Lebensorgane und der Energie der darauf begründeten Funktionen.

Einseitig hervortretende, demnach physiologisch nicht normale, selbst krankhafte Organe, und solche Funktionen derselben, können Bedingung der verlangten Vererbungsfähigkeit sein (Fettbildung, Verbildung der Beine des Dachshundes u. s. w.). Der Einfluß der Großeltern auf die Enkel ist wesentlich nur ein indirecter, insofern die Eigenschaften der Großeltern auf die Kinder vererbt sind.

Die Zahl der bekannten, rückwärts liegenden Generationen ist von großer Bedeutung, insofern damit nachgewiesen werden kann, daß ausschließlich Thiere mit zweckentsprechenden Eigenschaften und von bewährter Leistung, also individuell gute Thiere, Erzeuger gewesen sind, wodurch das Instandhalten und die Steigerung der bezweckten Eigenschaften von Generation zu Generation möglich gemacht wurde. — Vollblut-Rückschläge auf Vorfahren kommen im reinsten Blut, in ausschließlicher Familienzucht, vor, sie sind demnach an sich nicht in Blutmischung begründet.

Die Rückschläge sind qualitativ andere, je nachdem in den Vorfahren homogene oder heterogene Eigenschaften vorhanden waren; im ersten Fall ist der Kreis der möglichen Erscheinungen enger, die Beobachtung schwieriger und umgekehrt.

Die Rückschläge sind quantitativ nicht von dem Ursprung der Rasse abhängig, wenn diese überhaupt homogene Eigenschaften erlangt hat und nicht vernunftwidrig aus nicht vereinigungsfähigen Elementen gemischt ist.

Wenn eine Vermischung verschiedener Rassen mit nicht vereinigungsfähigen Eigenschaften ein homogenes und constantes Produkt nicht geliefert hat, dann kann die Fortdauer solcher Heterogenität in folgenden Generationen — constanter Rückschlag — als Gesetz für den entgegenstehenden Fall nicht gelten.

Die Bedeutung der Rückschläge ist demnach für rationelle, auf Erfahrung gestützte Zucht, welche nur vereinbare Eigenschaften vereinigen will, nicht größer bei gelungenen Kreuzungen als bei Reinzucht.

Gänzliches Verschwinden aller Rückschläge kann nicht zum Kriterium auf Begründung einer Rasse gemacht werden, weil solche bei möglichster Blutreinheit vorkommen, demnach eine consolidirte Rasse überall faktisch nicht vorhanden wäre.

Die Begründung einer neuen Rasse, die Eigenschaft, nach welcher die Individuen der aufeinander folgenden Generationen einander wesentlich ähnlich sind, ist nicht bedingt durch die Zahl der rückwärts liegenden Generationen, sondern:

durch die, auf deren organische Bedeutung begründete, Möglichkeit der Verschmelzung der Eigenschaften, welche die Urstämme haben, welche nicht identisch ist mit scheinbarer, äußerer Gleichartigkeit;

durch das Maß der individuellen, specifischen Vererbungsfähigkeit der verwendeten Zuchtthiere.

Die Frage, ob die Kreuzung zweier begründeter Rassen ein schnelleres Resultat in Begründung einer neuen Rasse giebt, oder die Kreuzung einer neuen Rasse mit einer gemischten, oder von Vollblut mit Halbblut, kann allgemein nicht beantwortet, darf überhaupt principiell nicht gestellt werden, weil es sich dabei um die vorhandenen und beabsichtigten Eigenschaften handelt, diese aber durch die Begriffe von Rasse, Vollblut und Halbblut im Allgemeinen nicht bezeichnet werden.

Verfasser hat diese Sätze, deren Veröffentlichung im Jahre 1858 ein begreifliches Aufsehen erregte, in seinen leider noch nicht beendeten „Vorträgen über Viehzucht und Rassenkenntniß" (Berlin 1872) weiter ausgeführt und mit vielen Beispielen zu belegen gesucht.

Die Verwandtschaftszucht ist, wie Nathusius aus alten Schriftstellern nachweist, eine schon früh gebraucht gewesene. Sie wurde noch neuerdings empfohlen, wobei man freilich sehr gewöhnlich Inzucht mit Verwandtschaftszucht zu verwechseln pflegte. Die Zucht zwischen Eltern und Kindern, Großeltern und Enkeln, zwischen Geschwistern, die sogenannte Blutschanden- oder Incestzucht, gehört in den Bereich der Verwandtschaftszucht. Auch diese hat ihre Vertreter gefunden. Sahen wir uns aus rein physiologischen, ihre Bestätigung in der Statistik erblicher Krankheiten und der körperlichen Verkümmerung findenden Gründen veranlaßt, die Verwandtschaftszucht zu verwerfen, so mußte dies noch mehr mit der Incestzucht geschehen, welcher letzteren nur Einseitigkeit, nur Beschränktheit das Wort reden könnte.

Man hat die Anpreisung der Verwandtschaftszucht damit beschönigen wollen, daß man angab, dieselbe sei unter wildlebenden Thieren die allgemeine, ohne sichtbaren Nachtheil ausgeübte. Nathusius aber bemerkt mit Recht, das sei nur Voraussetzung, nicht Beobachtung. Unter Rudeln und Familien wildlebender Thiere wird die Familien-, auch die Incestzucht sicherlich ausgeübt. Es ist dies ja unter Umständen kaum anders möglich. In solchen Fällen wissen wir aber durchaus nicht, oder wenigstens wir wissen es nicht sicher, ob denn die Folgen wirklich ohne Nachtheil verlaufen. Es ist aber auch ausgemacht, daß unter freilebenden Thieren manche in die Brunstzeit tretende Männchen, ältere wie jüngere, ihre nahezugehörigen Weibchen verlassen und sich, manchmal weitab, andere suchen, um sie unter oftmals recht heftigen, selbst blutigen Kämpfen, als die Ihren zu gewinnen. Das kommt nicht blos bei Raubsäugethieren, sondern auch bei Wiederkäuern vor, wogegen die Dickhäuter in dieser Hinsicht etwas beständiger zu sein scheinen. Selbst unter den Vögeln giebt es durchschnittlich viele vagabundirende Männchen, welche, oft weit von ihrem Nestbezirk und ihrem Schwarm &c. entfernt, um die Gunst ganz fremder Weibchen buhlen. Die Wanderlust vieler Thiere steht vielleicht mit diesem Naturtriebe in gewissem ursächlichem Zusammenhange.

Man hat die Nützlichkeit einer Verwandtschaftszucht auch an Hand unserer Erfahrungen über die Entstehung gewisser hervorragender Kulturrassen verfechten wollen. Es geschah z. B. die Bildung des englischen Vollblutpferdes (Fig. 38) und des englischen

Shorthornrindes anfänglich in blühendster Incestzucht. Allein die Kreuzung mit anderen Rassen fand

Fig. 38. Ibicus, englischer Vollbluthengst aus dem Gestüt Zirke. Nach einer Photographie von Stiehm.

unmittelbar im Anschluß an die ersten Erfolge engster Verwandtschaftszucht statt. Nachher wurde sie weiter und weiter ausgedehnt. Das Vollblutpferd und das Shorthornrind fanden in Großbritannien beträchtliche Verbreitung und Zuchtthiere derselben wurden in Menge über die Meere nach Europa, Amerika und Australien verschifft. Zu den alten, aus ursprünglich engerer, dann immer mehr sich erweiternder Innzucht hervorgegangenen Stämmen traten immer neue Elemente der Kreuzung mit nahestehenden und mit gänzlich fremden Rassen. Man erhielt durch solche Kreuzungen gute Produkte, in denen das edle

Blut sich immer noch deutlich kundgab. Wenn nun bei Alledem ein gewisses unverkennbares Ueberwiegen von Rasse-, hier z. B. von Vollblut- und Shorthorncharakteren, durch Geschlechtsfolgen anhielt, eine gewisse Rassen-Constanz durchschlagend sich äußerte, so findet diese doch ihre Erklärung auf eine andere, derjenigen der Constanz-Theoretiker entgegenstehende Weise.

Die berühmten Hunde des St. Bernhard gingen aus der Kreuzung der dänischen Dogge mit wallisischen Schäferhunden hervor, wurden anfangs in Verwandtschaftszucht

Fig. 39. Barry.
Nach einer im Berner Museum angefertigten Lithographie.

fortgepflanzt und brachten in dieser Verbindung das Ideal aller Hunde, den Barry hervor, welcher bekanntlich während eines zwölfjährigen Dienstes über vierzig Personen das Leben rettete (Fig. 39). Später aber kam diese vorzügliche Rasse — wohl in Folge der verderblichen Verwandtschaftszucht — ganz zum Aussterben, wurde aber durch Kreuzung mit wallisischen Hirtenhunden, mit

J. Schumacher's Bernhardiner Neuzucht und mit Leonbergern wieder auf einen hohen Grad der Vollkommenheit gebracht. Die prächtigen Leonberger Hunde, selbst eine Mestizenrasse, werden jetzt auch auf dem Simplon und in vielen anderen Alpen- wie Thalgegenden der Schweiz zur Kreuzung mit den einheimischen Rassen benutzt. Es entstehen daraus zwar vielfach variirende aber doch im Ganzen immer große, prächtige Thiere. Mittelst Neufundländern, Leonbergern und Ulmer Doggen erzielt man auch in Norddeutschland die schönsten Kreuzungen.

Das schwere Pferd von La Perche, der sogenannte Percheron, stammt aus der Kreuzung von einer arabisches Blut führenden Rasse mit einheimischen Perche-Pferden, sowie mit sonstigen französischen und mit englischen Halbblutpferden, ist also eine Mestizrasse, welche sich trotz aller gegentheiligen Meinungen auch außerhalb Frankreichs zur Haltung für gewisse ökonomische Zwecke und sogar zur Kreuzung mit Landrassen bewährt hat. (Vergl. Fig. 40.)

Schon diese wenigen Beispiele werden genügen, die Haltlosigkeit der alten Konstanzlehre darzuthun. Sehen wir nun weiter. Bereits im Jahre 1859 schloß sich H. Settegast den von H. v. Nathusius entwickelten Grundsätzen „innig" an, rückte der Konstanztheorie energisch auf den Leib und trieb sie von Fleck zu Fleck. Sehr treffend schildert Settegast die schweren, von Inzucht, Familienzucht und namentlich aber Blutverwandtschaftszucht drohenden Schäden.

In der Merinoschafzucht, welche damals noch den Stolz und den Reichthum vieler vaterländischer landwirthschaftl cher Kreise bildete, gehören zu den beregten Schäden 1) das Einreißen und die Verbreitung der schrecklichen

Fig. 40. Percherons deutscher Züchtung.
Nach einer Photographie von Stiehm.

Traberkrankheit. 2) Die Isolirung, innzüchtliche Behandlung mittelmäßiger Heerden, die sich auf diese Weise durchgreifenden Fortschritten verschlossen. 3) Mißverstehen Dessen, was der Ruf der Stammschäfereien, welche Böcke verkauften, zu erheischen schien und die ihren Ruf zu gefährden glaubten, wenn sie ein Zuchtthier von auswärts in die Heerde zogen, so wünschenswerth ein solches Verfahren zur Auffrischung des Blutes, zur schnelleren Entwicklung der Eigenschaften auch gewesen wäre.

Settegast redet unbedingt der Kreuzung — der Gegnerin der Innzucht — das Wort. Durch Einführung hervorragender Individuen — so berichtet Verfasser — zur Blutauffrischung oder Beseitigung kleinerer Mängel, welche der Stamm wahrnehmen lasse, sei der erste Schritt zu jenen Züchtungsmethoden gethan, welche gemeinschaftlich mit dem Namen Kreuzung bezeichnet würden. Mit der Mannigfaltigkeit der Zwecke, welche die Thierzucht verfolgen, wechsele auch das dabei einzuschlagende Verfahren. Im Wege der Kreuzung seien wir im Stande, nicht nur die Unvollkommenheiten, welche der Zucht eigen seien, schneller als auf dem Wege der Innzucht zu beseitigen, sondern wir vermöchten durch sie auch in kürzester Zeit den Ansprüchen zu genügen, welche sich bei der Vielgestaltigkeit der äußeren Verhältnisse immer wechselnd erhöben und um so entschiedener die Thierzucht beeinflussen müßten, je mehr dieselbe nicht Steckenpferd und Liebhaberei des Züchters sei, sondern nach streng gewerblichen Rücksichten geleitet werde.

Innerhalb jeder Kulturrasse, ja jeder Zucht (Stamm, Heerde) werde die Tüchtigkeit von einem oder von einigen Individuen ausgehen, deren „potenzirte Vererbungskraft ihre Leistungen erhöhete". Also Settegast. Wir haben oben gesehen, daß Nathusius sich in ähnlichem Sinne ausgesprochen (S. 250).

Settegast aber bildete die Lehre von der individuellen Potenz (seine Individualpotenz-Lehre) weiter aus. Sein Hauptgrundsatz ist, daß die potenzirte Vererbungskraft individuell sei und bleibe, daß sie sich nicht erzüchten lasse, nicht

Heerden-, Stamm- oder Rassencharakter werde. Den Absichten der Natur widerstrebe es, eine stereotype oder verharrende, bleibende Form zu gründen, die sich mit unwiderstehlicher Macht entfalten müßte, wenn sie zugleich mit einer Neubildung als eine dem Einzelwesen verliehene gesteigerte Vererbungskraft für die Folge der Generationen vorhalten würde. Die Erfahrung lehre, daß gemeinhin die Kinder eines durch die Fähigkeit prägnanter Eigenschaftsübertragung begünstigten Thieres wieder der Regel anheimfallen, nach welcher Vater und Mutter zu gleichen Theilen vererben.

Darwin hat sich in seinem reichen Forscherleben auch vielfach mit der Thierproduktion beschäftigt, über dieselbe großartige eigene Erfahrungen gesammelt und einen geradezu unermeßlichen Schatz von mündlichen, brieflichen und gedruckten, in der Literatur zerstreut gewesenen Notizen eingeheimst. Seine Kenntnisse in der Sache datiren daher ebensogut aus dem Kuhstalle, der Pferdekoppel und der Schafhürde, wie diejenigen so vieler seiner Gegner mit und ohne Von, welche Sorte so gern mit ihren Erfahrungen als praktische Landwirthe und Viehzüchter brüskirt.

Zunächst veröffentlicht Darwin in seinem Werke über die Entstehung der Arten manche Ansicht über Rassenbildung, Vererbung u. s. w. In dem anderen, dem Variiren der Thiere im Zustande der Domestication u. s. w. gewidmeten Buche förderte der Verfasser unsere Erkenntniß wesentlich durch die umfassenden Studien über die Abstammung der Hausthiere und über deren Variiren. In dem Werke über die Abstammung des Menschen findet sich reicher Stoff hinsichtlich der geschlechtlichen Zuchtwahl, welche ja auch für die Geschichte der Hausthierrassen von so wesentlicher Bedeutung ist.

Darwin hat namentlich in seinem Buche: Das Variiren u. s. w. (S. 63) den Vererbungserscheinungen unterschiedliche Seiten gewidmet. Derselbe macht auf die Wichtigkeit derselben für die Züchter aufmerksam. Indem er gewisse Schriftsteller tadelt, welche nachzuweisen gesucht, daß die Kraft der Vererbung sehr übertrieben worden sei, bemerkt er u. A., die halbwilden Araber würden wohl schwerlich durch theoretische Vorstellungen dazu veranlaßt worden sein, Stammbäume ihrer Pferde zu halten u. s. w. Er führt eine große Anzahl der verschiedensten Beispiele stattgehabter Vererbung von angebornen und erworbenen, guten wie schlechten Eigenschaften auf. „Es ist", sagt Darwin, „innerhalb der Grenzen eines mäßigen Raumes kaum möglich, Denjenigen, welche dem Gegenstand keine nähere Aufmerksamkeit geschenkt haben, jene volle Ueberzeugung von der Kraft der Vererbung beizubringen, die man nach und nach erhält, theils durch das Züchten von Thieren, theils durch das Studium der vielen Abhandlungen, welche über die verschiedenen domesticirten Thiere veröffentlicht worden sind, theils durch Gespräche mit Züchtern." Unser Verfasser schließt dieses ganze inhaltreiche Kapitel mit folgenden Worten: „Ich glaube gezeigt zu haben, wie streng neue Charaktere der verschiedenartigsten Natur, mögen sie nun normal oder abnorm, schädlich oder wohlthätig sein, mögen sie Organe der höchsten oder der geringfügigsten Bedeutung betreffen, vererbt werden. Der gewöhnlichen Meinung entgegen ist es oft zur Vererbung irgend eines eigenthümlichen Charakters hinreichend, daß nur eins der beiden Eltern denselben besitzt, in den meisten Fällen, in denen die selteneren Anomalien überliefert worden sind. Das Vermögen der Ueberlieferung ist aber äußerst variabel. Unter einer Anzahl von Individuen, die von denselben Eltern abstammen und in derselben Art behandelt worden sind, bieten einige dies Vermögen in großer Vollkommenheit dar und bei einigen fehlt es vollständig. Für diese Verschiedenheit läßt sich aber kein Grund anführen. In manchen Fällen werden die Wirkungen von Verletzungen oder Verstümmelungen offenbar vererbt, und wir werden in einem späteren Kapitel (desselben oben citirten Werkes) sehen, daß die Wirkungen eines lange fortgesetzten Gebrauches oder Nichtgebrauches von Theilen sicher vererbt werden. Selbst jene Charaktere, welche als die am meisten schwankenden betrachtet werden, wie z. B. die Farbe, werden mit seltenen Ausnahmen viel strenger überliefert als gewöhnlich angenommen wird. In der That liegt das Wunderbare bei allen Fällen nicht darin, daß irgend ein Charakter überliefert wird, sondern darin, daß das Vermögen der Vererbung jemals fehlschlagen sollte. Die Hindernisse gegen eine Vererbung sind, soviel wir davon wissen, erstens Umstände, welche dem eigenthümlichen in Frage stehenden Charakter feindlich gegenüberstehen, zweitens Lebensbedingungen, welche beständig neue Variabilität veranlassen und endlich die Kreuzung gesonderter Varietäten während mehrerer vorausgegangener Generationen in „Verbindung mit Rückschlag oder Atavismus, d. h. die Neigung im

Kinde, seinen Großeltern oder noch entfernteren Vorfahren anstatt seinen unmittelbaren Eltern ähnlich zu werden."

Darwin widmet den günstigen Wirkungen der Kreuzung und den ungünstigen Wirkungen naher Innzucht ein ganzes Kapitel. Er sucht nachzuweisen, daß die Kreuzung gesonderter Formen, mögen sie nahe oder weiter mit einander verwandt sein, eine constitutionelle Kraft verleiht und mit Ausnahme der gekreuzten Species auch eine erhöhete Fruchtbarkeit der Nachkommenschaft mittheilt. Der Beweis hiefür beruhe — so fährt er fort — auf dem ganz allgemeinen Zeugnisse der Züchter und derselbe werde praktisch in dem höheren Werthe kreuzzüchtiger Thiere zum unmittelbaren Verbrauch nachgewiesen. Die guten Resultate einer Kreuzung seien bei einigen Thieren und zahlreichen Pflanzen auch durch faktisches Wägen und Messen nachgewiesen worden. Obgleich Thiere von reinem Blut offenbar durch Kreuzung, soweit es ihre charakteristischen Eigenschaften betreffe, verschlechtert würden, so scheine doch von der Regel keine Ausnahme zu existiren, daß Vortheile der eben erwähnten Art hierdurch erlangt würden, selbst wenn keine nahe Innzucht vorausgegangen sei. Die Regel gelte für alle Thiere, selbst für Rind und Schaf, welche einer langen Innzucht zwischen den nächsten Blutsverwandten widerstehen könnten. Sie gelte für Individuen derselben Subvarietät, aber gesonderter Familien, für Varietäten oder Rassen, für Unterarten und ebenso für völlig gesonderte Arten.

Während nun in dem letzten Falle Größe, Kraft, schnellere Reife und Widerstandsfähigkeit mit seltenen Ausnahmen erlangt würden, gehe in einem größeren oder geringerem Grade die Fruchtbarkeit verloren. Der Gewinn könne aber nicht ausschließlich dem Prinzipe einer Ausgleichung zugeschrieben werden, denn zwischen der bedeutenden Größe und Kraft der Nachkommen und ihrer Unfruchtbarkeit bestehe kein strenger Parallelismus. Ueberdies sei ganz klar bewiesen worden, daß Mischlinge, welche vollkommen fruchtbar seien, dieselben Vortheile ebenso erlangten, wie unfruchtbare Bastarde.

Die üblen Folgen lange fortgesetzter naher Innzucht seien nicht so leicht nachzuweisen wie die guten Wirkungen einer Kreuzung; denn die Verschlechterung sei nur eine gradweise. Nichts destoweniger sei es die allgemeine Ansicht derjenigen, welche die meiste Erfahrung hätten, besonders bei Thieren, welche sich schnell vermehrten, daß unvermeidlich früher oder später das Uebel folgte, aber bei verschiedenen Thieren in verschiedenem Maße. Ohne Zweifel könne eine falsche Ansicht wie ein Aberglaube eine weite Verbreitung finden; es sei aber schwer anzunehmen, daß so viele scharfsinnige und originelle Beobachter mit einem Aufwande von viel Kosten und Mühen allgemein getäuscht worden wären. Ein männliches Thier könne zuweilen mit seiner Tochter, Enkelin u. s. w. selbst für sieben Generationen gepaart werden, ohne irgend einen offenbar werdenden schlechten Erfolg. Das Experiment sei aber niemals versucht worden, Bruder und Schwester für eine gleiche Anzahl von Geschlechtsfolgen mit einander zu paaren, und dies werde für die engste Form der Innzucht gehalten. Es sei guter Grund zur Annahme vorhanden, daß dadurch, daß die Glieder einer und derselben

Familie in gesonderten Parthien gehalten würden, besonders wenn sie nach irgendwie verschiedenen Lebensbedingungen ausgesetzt und wenn gelegentlich diese Familien gekreuzt wurden, die üblen Resultate bedeutend vermindert oder völlig beseitigt werden könnten. Diese Folgen seien Verlust constitutioneller Kraft, Größe und Fruchtbarkeit, aber es finde sich nicht nothwendig eine Verschlechterung in der allgemeinen Form des Körpers oder in anderen guten Eigenschaften. Man habe bei Schweinen gesehen, daß Thiere erster Güte nach lange fortgesetzter naher Innzucht producirt worden seien, wenn sie auch bei der Paarung mit ihren nahen Verwandten außerordentlich unfruchtbar geworden wären. Der Verlust an Fruchtbarkeit scheine, wenn er auftrete, niemals absolut zu sein, sondern nur in Bezug auf Thiere desselben Blutes, so daß diese Unfruchtbarkeit in gewisser Ausdehnung mit der selbst-impotenter Pflanzen analog sei, welche von ihren eigenen Pollen nicht befruchtet werden könnten, aber mit Pollen irgend einer anderen Pflanze derselben Species vollkommen fruchtbar seien. Die Thatsache, daß Unfruchtbarkeit dieser eigenthümlichen Natur eins der Resultate der Innzucht seien, zeige, daß die Innzucht nicht allein dadurch wirke, daß sie verschiedene krankhafte, beiden Eltern eigene Anlagen combinire und verstärke; denn Thiere mit solchen Anlagen könnten, wenn sie nicht zu der Zeit geradezu krank seien, meist ihre Art fortpflanzen. Obgleich die Nachkommen aus Verbindungen zwischen den nächsten Blutsverwandten nicht nothwendig in ihrem Bau verschlechtert würden, so glaubten doch einige Schriftsteller, daß sie Mißbildungen äußerst ausgesetzt seien; und dies sei nicht unwahrscheinlich, da Alles, was die Lebenskraft vermindere, in dieser Weise wirke. Beispiele dieser Art seien von Schweinen, Schweißhunden und einigen anderen Thieren angeführt worden.

Wie man sieht, hat Darwin hier Dinge kritisch behandelt, welche sieben bis acht Jahre vor ihm bereits Nathusius und Settegast in ähnlicher Weise beleuchteten. Freilich sind die Angaben dieser Beiden über die Gefahren enger Innzucht noch vielseitiger und präciser, als diejenigen Darwin's. Bis zum Erscheinen der letzteren Arbeiten waren die obigen beiden Fachmänner fast einmüthig zusammengegangen. Von dann ab haben sich aber leider ihre Wege getrennt.

Nathusius hatte bereits in der Vorrede zu seinem schönen Werke über den Schweineschädel (Berlin 1864) zwar Darwin's Theorie „ein kräftiges und nützliches „Ferment" genannt, er hatte dem englischen Forscher nicht die Anerkennung versagt, daß die Anregung, welche derselbe damals durch seine Angaben über die Hausthiere hervorgerufen habe, sehr förderlich gewesen sei und daß von der Ausführung seiner Beobachtung reicher Ertrag auch für das Studium der Hausthiere erwartet werden dürfe. Exacte Beobchtungen, welche sich darauf bezögen, seien freilich von Darwin bisher nicht dargeboten; er benutze einige der oft erwähnten Erscheinungen der Rassebildung unserer Hausthiere, ohne sich auf Prüfung derselben einzulassen.

Nachdem nun Darwin 1868 (Abstammung des Menschen, S. 63) zwei Bände voll eines unermeßlichen, später immer noch vermehrten, wissenschaftlich gesicherten

Materials über die Rassenbildung u. s. w. der Hausthiere veröffentlicht hatte, trat Nathusius 1872 mit der harten Behauptung hervor, die Darwin'sche Theorie habe entschieden keine irgend tiefere Bedeutung für die Lehre von der Thierzucht[1]). Dem beobachtenden Thierzüchter sei es am besten bekannt, daß seine Thiere mannigfachen Abänderungen unterworfen seien; aber ebenso bekannt sei es ihm, daß die Abänderungen sich in ganz bestimmten Grenzen bewegten. Hierauf komme es an: Wolle man die Sache schroff ausdrücken, so dürfe man sagen: Kein Züchter könne ein Schaf zur Ziege machen, aber er könne auch nicht eine einzige der für specifisch erkannten Eigenthümlichkeiten des Schafes diesem nehmen und der Ziege anzüchten. Es gebe gewisse Grenzen der Beständigkeit der Form, welche niemals überschritten seien, so weit die Beobachtung reiche. — Wollten wir festen Boden behalten, so dürften wir den Artbegriff nicht aufgeben. Letzterer Ausspruch jedoch steht in geradem Widerspruch mit früheren (1861 mitgetheilten) desselben Verfassers. Da heißt es, daß die Annahme von umwandelbaren, festumschriebenen Arten (noch weniger Rassen) nicht unbedingt haltbar sei.

Im Gegensatz zu Nathusius warf sich Settegast dem Darwinismus rückhaltlos in die Arme, trotzdem letzterer auch hier den Maßstab der Kritik keineswegs Preis gegeben hat. Settegast läugnet die Möglichkeit, den Artbegriff im

---

[1]) Vergl. übrigens über Nathusius' Stellung zu Darwin's Lehren oben S. 156 ff.

Sinne Linné's (S. 19) und aller Unterabtheilungen desselben festzuhalten. Der Proceß der Rassebildung sei niemals abgeschlossen, sondern fortdauernd im Werden. Die Lehre Darwin's habe für jeden Züchter eine hohe Bedeutung, denn sie befreie ihn von den Vorurtheilen einer früheren Zeit, während der man in der Aufrechterhaltung und Befestigung angeblich unveränderlicher Rassen mit der Unveränderlichkeit ihrer charakteristischen Merkmale das Heil der Thierzucht erblickt habe. Zwar werde man nimmer Ziegen in Schafe zu verwandeln vermögen, wohl aber würde es glücken, auch zoologische Merkmale der Rassen umzuändern, wenn ein Züchter daran ein besonderes Interesse hätte, d. h. die Veränderung von wirthschaftlicher Bedeutung wäre. Kurz- und langschwänzige Schafrassen z. B. blieben kurz- und langschwänzig, weil kein Vernünftiger heutigen Tages auf die Schwanzlänge züchte. Käme die Länge des Schwanzes aber je so in Betracht wie die Wollbeschaffenheit nach Menge und Güte oder die Fähigkeit des Thieres, viel Fleisch und Fett von einer gewissen Futtermenge zu erzeugen, oder wie ähnliche Eigenschaften von höherem wirthschaftlichem Werthe, so würden wir sehr bald die auffallendsten Abweichungen in der Schwanzlänge der Schafe erleben. Es würde damit sich ebenso verhalten, wie mit ähnlichen zoologischen Merkmalen, z. B. mit der Haarfarbe der Rassen, der Länge und Dicke ihrer Ohren, der Form, Länge oder dem Vorhandensein der Hörner unserer Wiederkäuer u. s. w. Alle diese Eigenschaften unterlägen ganz denselben, in die Willkür des Züchters gestellten Veränderungen wie andere, die wirthschaftliche Bedeutung der Rasse tiefer berührende Veränderungen.

Wenn — so fährt Settegast fort — Nathusius behaupte, daß von langschwänzigen Merinoeltern niemals ein kurzschwänziges Schaf erzeugt werde, und die Rasse deshalb niemals kurzschwänzig werden könne, so sei der Vordersatz nur halb richtig, der daraus gezogene Schluß aber falsch. Die Länge des Schwanzes der Merino's variire nämlich außerordentlich, und wenn in der Rasse auch kein Stummelschwanz geboren werde, so gehöre das Auftreten eines relativ kurzschwänzigen Individuums doch nicht zu den überaus seltenen Erscheinungen. Bevorzuge man in der Zucht alle in der Heerde mit relativ kurzen Schwänzen ausgestatteten Thiere und merze man nach Maßgabe der Schwänzlänge, so würde sicher auch der Merinokurzschwanz auszubilden sein.

Ich habe es stets als ein Hauptverdienst Darwin's angesehen, daß er, nach den fast fruchtlosen Versuchen seiner Vorgänger, die Zoologen und Botaniker aus ihrem verrotteten, bequemen Specieskram hervorgerüttelt, ihnen die Vertrauensseligkeit ihres bisherigen engen Standpunktes genommen, ihnen bewiesen hat, es gebe doch noch interessantere und wichtigere Gegenstände der Naturbeobachtung, als dies ängstliche Suchen nach angeblich unantastbaren Species- und Rassemerkmalen. Indem er, emsiger und energischer als irgend Jemand vor ihm, das Variiren der wilden und Hausthiere zu ergründen und die Erscheinungen desselben in ein gewisses System zu ordnen gesucht hat, sprengte er die Fesseln, unter deren Druck nicht allein die beschreibenden Naturwissenschaften, sondern auch die rationelle Thierproduktion litt. Er war in letzterer Beziehung gewissermaßen der literarische — theilweise

Secundant — theilweise sogar der Vorkämpfer derjenigen Thierzüchter, welche die freie Zuchtwahl dem beengenden Einflusse der alten Konstanzlehre vorzogen. Damit hat aber Darwin auch der rein volkswirthschaftlichen Seite der Thierproduktion große Dienste geleistet.

Wenn nun in der Thierzucht unter dem Einflusse der künstlichen Zuchtwahl, nicht alle die augenscheinlichen Erfolge hervortreten, welche Darwin unter dem Einflusse der natürlichen Zuchtwahl findet, so möge man nicht vergessen, daß bei Erscheinungen letzterer Art Dinge in Betracht kommen, welche bei ersteren nur wenig ins Gewicht fallen können — nämlich lange Zeitdauer und Kampf ums Dasein.

Neben Nathusius und Settegast haben auch Andere als Partisane dieses und jenes Lagers die Thierproduktion im Lichte der Darwinischen Theorie zu behandeln gesucht. Unter manchen Erzeugnissen fleißiger Untersuchung ist jedoch in dieser Hinsicht nichts gewonnen, was den Vergleich mit dem Inhalt der Streitschriften jener beiden Meister aushalten könnte.

Die Grundsätze, nach welchen der Züchter verfährt, sind in erster Linie von den rein wirthschaftlichen Interessen abhängig. Man sollte nun glauben, daß eine je höhere Kulturstufe ein Volk erreicht hat, selbiges auch eine desto vernunftgemäßere, vollkommenere Thierproduktion betreiben werde. Dem ist nicht immer so. Der in dürftigem Gezelt hausende, ruhelos umherstreifende, kaum einem lockeren Stammes-Verbande angehörende Beduine der syrisch-arabischen Wüste z. B. ist vollendeter Pferdezüchter. Er erreicht die möglichst schöne Form bei möglichst hoher wirthschaftlicher Leistung mit dem Gegenstande seines eben erwähnten Züchtungszweiges. Sein edles Roß wird für den persischen Hofhalt so gern gesucht, wie für die Marställe der englischen Machthaber in Indien, wie für die Privat- und Landesgestüte Europas. Der Araber beschämt in dieser Hinsicht z. B. die unendlich viel mehr civilisirten Spanier und Italiener, welche mit keineswegs schlechten Rassen versehen, in der Pferdezucht dennoch weit hinter ihm zurückstehen. Manche hochcivilisirte Nationen, wie die Engländer und Deutschen, leisten dagegen auch in diesem Zweige der Thierproduktion sehr Hervorragendes, sie übertreffen sogar den Araber hinsichtlich der vielseitigeren Leistungsfähigkeit ihrer Pferderassen.

Nicht immer erzielen diejenigen Länder, deren Natur sich vorzugsweise gut zur Züchtung dieses oder jenes Hausthieres eignet, auch die besten für ihre wirthschaftlichen Verhältnisse passendsten, durch Leistungsfähigkeit andere übertreffenden Rassen. Als z. B. im Jahre 1866 der Krieg zwischen Preußen und Oesterreich ausbrach, flunkerte man allerorts viel von der angeblichen Ueberlegenheit der österreichischen Reiterei über die preußische. Die alten magyarischen in der Puszta und die in den sarmatischen Ebenen herangebildeten, centaurischen Schwadronen, so hieß es, würden die schwerfälligen Norddeutschen in glänzender Attake leicht genug werfen. Indeß, es zeigte sich das Gegentheil. Die unter unsäglichen (mir durch Zufall von Jugend auf bekannt gewordenen) Schwierigkeiten sich erzeugende preußische Pferdezucht bewährte sich. Die schweren, vorzüglich berittenen Regimenter König Wilhelm's stampften die prächtigen ungarischen Husaren und die polnischen Ulanen beim ersten feindlichen Zusammenstoß gänzlich auseinander. Man spreche hier nicht allein von überlegener Disciplin und Taktik. Das Pferd ist es zunächst, die Ausbildung auf dem Pferde ist es alsdann, welche die hervorragenden Eigenschaften einer Cavallerie sichern.

Es giebt Gegenden, deren Naturbeschaffenheit es geradezu als durch volkswirthschaftliches Interesse geboten

Fig. 41. Hochschottisches Rind. Nach einer Photographie. (Pariser Pflanzengarten.)

erscheinen läßt, daß ihre Thierproduktion sich nur innerhalb bescheidener Grenzen bewegt. In den rauhen und dürftig begrasten schottischen Hochlanden z. B. ist die äußerlich fast einer Karrikatur gleichende, struppige, aber wetterharte Rinderrasse, welche u. A. durch die geistreiche Thiermalerin Rosa Bonheur in den anschaulichsten Bildern verewigt worden ist (vergl. auch Fig. 41), unstreitig besser angebracht, als etwa schwyzer oder appenzeller Sennenvieh. Für die Prairien des fernen Westen taugen dem Krähen-, Apache- und Comanche-Indianer seine kleinen Mustangs von spanischem Geblüte entschieden besser, als etwa eingeführte Mischlinge aus aller Herren Landen, mögen sie noch so stattlich ausschauen, noch so gut ziehen u. dgl. Der Morlache der kahlen dalmatinischen Berghalden wird mit seinem dürftigen Landschafe die Schrecken der Bora-Stürme besser aushalten, als mit dem schönsten, aber auch weichlicheren Negretti-Schlage.

Völker, deren Landbebauung auf hoher Stufe steht, werden sich bemühen müssen, auch die besten Erträge aus der Viehzucht zu gewinnen. Im Allgemeinen hat diese in Deutschland, Großbritannien, Frankreich Belgien und in der Schweiz einen Grad der Vollkommenheit erreicht, wie er kaum noch wesentlich wird übertroffen werden können. In verschiedenen Gegenden von Rußland, Italien, Skandinavien, Nord- und Südamerika ist man jetzt eifrig bemüht, die Thierproduktion mit allen denkbaren Mitteln zu fördern. Die Wollerzeugung in den Pampas der argentinischen Freistaaten und den Weiden Australiens tritt bereits in eine bedenkliche Concurrenz mit der heimischen und scheint es, als wolle erstere die letztere vom Weltmarkte allmählich verdrängen. Spanien, Portugal, Süd-Italien, Mittelrußland und die europäische Türkei freilich haben für die Hebung der Thierproduktion noch viel zu thun. Die übrigen außereuropäischen Gebiete kommen nicht in Betracht. Denn so lange noch der Mexikaner den Lasso, die Wurfschlinge, lieber als die Häckselmaschine gebraucht, so lange auf den Opferstätten der „großen Sitte" in Afrika noch das Blut lebendig geschundener Menschen raucht, solange der Oesbege noch die Zahl der ihm zu verleihenden Ehren-Kaftane nach der Zahl abgesäbelter Türkmenen- und Perserköpfe schätzt — so lange wird in solchen Ländern die Thierproduktion nicht die Stufen der ersten Kindheit überschreiten. Da heißt es, erst etwas mehr Licht, erst etwas mehr Gesittung und dann die Schafscheere, dann die Schlachthalle.

Wir hatten im vierten Abschnitt dieses Büchleins die hohe Wahrscheinlichkeit einer Ableitung unserer Hausthiere von wilden Stammformen erörtert. Wir hatten die Möglichkeit ins Auge gefaßt, noch gegenwärtig wilde Thiere in den Hausstand überführen zu können. In manchen Gegenden, in welchen erstere überhaupt ausgerottet oder höchst selten geworden sind, verbieten sich unmittelbar damit anzustellende Versuche natürlich von selbst. Dagegen giebt es noch genug Länder, in denen wilde, augenscheinlich zur Domesticirung geeignete Thierformen für viele Jahrzehente einen reichlichen Stoff zur Beobachtung, zum Experimentiren, liefern können.

Warum nun nicht die Versuche erneuern, z. B. Wölfe, deren Schädel- und Skeletbau, Aeußeres und Benehmen den echten Hund verrathen (Fig. 42, Fig. 43) zu domesticiren? Man sagt zwar, dergleichen Thiere ließen sich in der Jugend gut an, würden jedoch im

Alter wieder wild und unbändig. Einige Beispiele stattgehabter Wolfszähmung scheinen dies allerdings zu bestätigen. Andere Beispiele zeigen aber gerade das Gegentheil. Auch der Fuchs, dieser Hund im Kleinen (Fig. 44, Fig. 45) eignet sich zur Domesticirung (man vergl. S. 174). Man könnte ferner mit dem Geparden oder Jagdpanther, dem Hyänenhunde, mit verschiedenen Viverren, mit gewissen Nagethieren (Chinchillas, Pampahasen oder Maras, Capybaras oder Wasserschweinen, Moschusratten), mit Wildschaafen, Wildziegen u. s. w. die Versuche erneuern; um von ihnen Jagdgehülfen, Heerdenhüter, Woll-, Haar- und Fleischthiere zu gewinnen. Dagegen wäre es überflüssig, noch mit Büffeln, Rindern und Schweinen Versuche zu machen, da die Thierproduktion in Bezug auf diese Thiere bereits ihr Mögliches leistet.

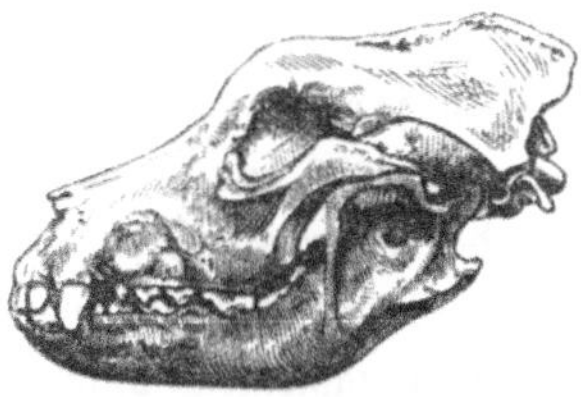

Fig. 42. Wolfsschädel.

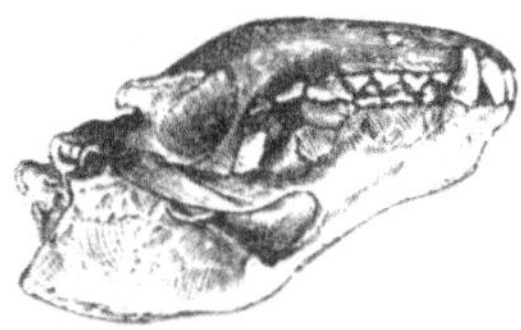

Fig. 43. Hundeschädel.

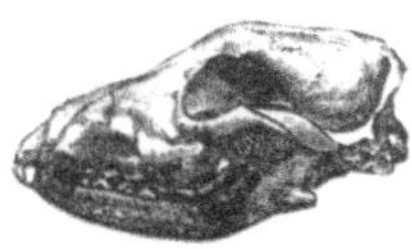

Fig. 44. Schädel des ägyptischen Mumienhundes.

Fig. 45. Schädel des Fuchses. (Alle Fig. nach Photographien.)

Gelänge es auf diese Weise,

bis jetzt noch so gut wie gar nicht nutzbare, eher sogar schädliche Thiere für den Hausstand zu erlangen, so wäre das immer ein neuer Triumph des menschlichen Geistes und menschlicher Energie. Jedenfalls wären schon die rein wissenschaftlichen Ergebnisse solcher Versuche lohnend genug und der nur nach Geldgewinn lechzende Thierproducent könnte dabei mal das Zusehen haben. Natürlich wird man dem Bauern und kleineren Gutswirth, namentlich unter den heutigen Geldverhältnissen, dergleichen nicht zumuthen. Aber die großen Grundbesitzer aller Länder sollten in solchen Dingen reger sein, als bisher. Dann aber wären, wie oben bereits angedeutet worden, vor Allem die Acclimatisationsgärten und landwirthschaftlichen Thiergärten dafür die passenden Stätten. Letztere dürften keinem landwirthschaftlichen Lehrinstitute fehlen. Die Vererbungs- und Anpassungserscheinungen würden alsdann in den Bereich einer wissenschaftlichen Controle gebracht und würde deren Gesetzmäßigkeit voraussichtlich besser erkannt und festgestellt werden, wie es bis jetzt noch der Fall sein konnte. Das wären Aufgaben für den praktischen Darwinismus. Man würde bald erkennen, daß dieser für die Thierproduktion denn doch etwas mehr als eine „geistreiche Theorie" bedeuten könne. Man bedenke, welche schönen Ergebnisse für die wissenschaftliche Erkenntniß der Gesetze über Thierproduktion der Pariser Acclimatisationsgarten schon bis jetzt geliefert hat, welche großen Anregungen selbst der Volkswohlstand Frankreichs diesem vorzüglichen Institute verdankt. Natürlich würde es unpassend sein, Versuche, wie die obigen, in einer oder in wenigen Oertlichkeiten zusammendrängen zu wollen. Thiere des warmen Klima's würden z. B. besser in Rio, Lima, S. Francisco, am Kap, in Natal, Indien, Sidney, Melbourne u. s. w. u. s. w. zu züchten sein. Ueber das Kopfschütteln und Nasenrümpfen selbstsüchtiger, unverständiger Kartoffelbauern müßte man sich bei dergleichen hinwegsetzen.

In einigen Zweigen der Thierproduktion hat man wohl schon jetzt Großartiges geleistet. Wenn man z. B. die feinen Formen des Windhundes betrachtet, welche sich

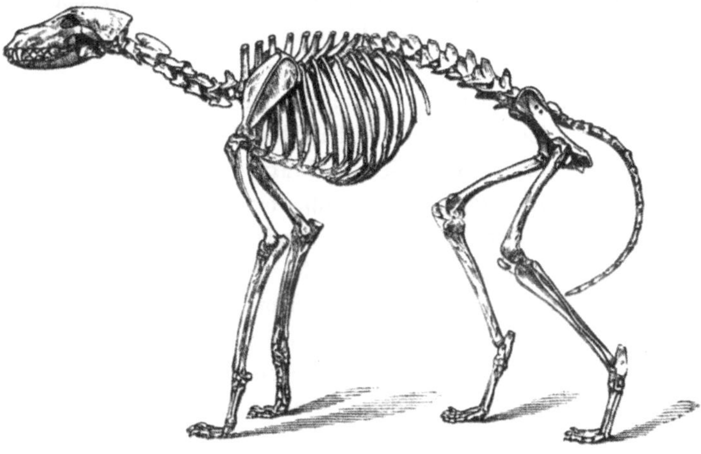

Fig. 46. Skelet des Windhundes. Nach einer Photographie. (Pariser Museum.)

bereits in jedem Knochen des Skeletes ausprägte (Fig. 46), so wird man sich kaum etwas für den Schnelllauf Vollendeteres vorzustellen vermögen. Dennoch kann gerade hinsichtlich der Aufbesserung der Hunderassen noch sehr viel geschehen. Da wären z. B. die riesigen Schäferhunde der baskischen Provinzen, von Erment (Hermonthis) in Aegypten, von Armenien und dem inneren Hochasien (Thibet u. s. w.) würdige Gegenstände einer rationellen Züchtung; hat doch gerade der Hund ein so außerordentliches Anpassungsvermögen und läßt sich daher überall eingewöhnen. Wenn man ferner ein gutes Negretti-, Electoral- oder Mauchamp-Schaf auf seine Wolle prüft, so möchte man denken, man hätte das Erreichbare auf diesem Gebiet vor sich. Trotzdem kann auch hier die Thierproduktion noch immer Vollkommeneres schaffen. So aber verhält es sich auf allen Gebieten der letzteren. Schon vor dem achtzehnten Jahrhundert hatte man hier und da recht schöne Viehrassen gezüchtet. Der kräftige schwere Gaul der Tourniere und Ritterfehden, das Mecklenburger und das andalusische Roß, die Saurüden und Wolfshunde waren gewiß tüchtige Erzeugnisse der älteren Thierproduktion, und doch, was ist seitdem wieder geschehen? Man denke nur an das Vollblutpferd, das Sarlabot- und Shorthornrind, das edle Merinoschaf, das Mauchamp-, New-Leicester- und Southdownschaf ꝛc. ꝛc.

Fassen wir jetzt einmal die Wege und Ziele der modernen Thierzucht ins Auge. Sehr richtig sagt Settegast: „Die verschiedenen Rassen unserer landwirthschaftlichen Hausthiere erheischen eine Specialisirung derjenigen Eigenschaften, die sie vorzugsweise nutzbar erscheinen lassen. Es ist z. B. selbstverständlich, daß wir von einem englischen Vollblutpferde, das sich durch Ausdauer in schneller Gangart hervorthun soll, andere Leistungen verlangen als von dem Acker- oder Lastpferde. Nicht minder ausgemacht ist es, daß die Shorthornrasse in Milchergiebigkeit gegen einzelne Niederungsrassen in dem Maße zurücktritt, als sie dieselben durch leichte und billige Erzeugung von Fleisch und Fett überragt; daß ferner das Merinoschaf in der letzteren Richtung von den „hochgezogenen" (edeln) Fleischschafrassen geschlagen wird, während es sie in der Qualität der Wolle übertrifft. Der Züchter kann und wird sich nie darauf einlassen, alle wünschenswerthen Eigenschaften, die gesondert in verschiedenen Rassen auftreten, in einem Individuum vereinigen zu wollen, weil dasselbe ihm sonst in keiner Richtung Bedeutenderes leisten würde. „Thiere für Alles" entsprechen nicht den Forderungen der Zeit, welche dazu auffordert, auch auf diesem Gebiete eine Theilung der Arbeit zu vermitteln. Die Einseitigkeit der Leistung des Thieres unterliegt daher, wenn sie sich nicht in zu engen Grenzen bewegt, keinem Tadel, vielmehr kommt es darauf an, in möglichster Steigerung der Produktionsfähigkeit nach der Seite, auf welcher die Ueberlegenheit des Rassetypus beruht, den Vortheil zu suchen ꝛc.

Die Thierzüchtung kennt gewisse Formverhältnisse der Hausthiere, welche als Ausdruck für eine gute oder schlechte Organisation dienen. Thiere von möglichst guter Leibesbeschaffenheit zu züchten, ist aber Hauptaufgabe einer Thätigkeit, bei welcher der gewerbliche Gesichtspunkt der vorherrschende ist, sein muß. Im Allgemeinen hat nun bei Thieren, welche in den Augen des Züchters eine gewisse Vollendung der Organisation zeigen, bei denen zugleich, mit Settegast zu sagen, die Tauglichkeit des Körpers für bestimmte wirthschaftliche Zwecke mit der gesammten Organisation desselben verwebt ist, auch der

Eindruck des Aeußern etwas den ästhetischen Sinn Befriedigendes. Ein gutgefütterter Percheronhengst, Shorthornbulle und Merinobock sind edlere, den Formensinn des Beschauers mehr fesselnde Erscheinungen, als der kümmerliche Sandklepper in mancher Gegend der norddeutschen Tiefebene, als das jämmerliche Rind des Wasserpolacken und das hagere, struppige Landschaf des Slovenen. Natürlich wird die in der vollen Urwüchsigkeit des Freilebens bei ausreichender Nahrung sich ausprägende äußere Gestaltung sehr häufig mehr Adel zeigen, als am bestgepflegten Zuchtthier. Die edle Stute des Schemar- und Aenneze-Beduinen wird stets einen noch ästetisch befriedigenderen Eindruck machen, als das schönste Vollblutpferd eines britischen Herrenhauses. Der hochschottische Urstier der Parks wird in Pracht des Aeußern den schönsten Shorthornbullen in Schatten stellen und das hübsche domesticirte, vielfach an unseren Keuler erinnernde Sennaarschwein wird besser gefallen, als der prämiirte Berkshire- oder Essexeber u. s. w. Manche vorzügliche Zuchtthiere gewähren durch gewissermassen monströse Ausbildung wirthschaftlich sehr nützlicher Körpertheile einen oft recht häßlichen Eindruck. So zeigt sich der hohe und breite sogenannte Milchspiegel einer vortrefflichen Milchkuhrasse als etwas geradezu das Auge Beleidigendes. Dem asiatischen Nomaden ist der möglichst kolossal entwickelte Fettsteiß seines Schafes gewiß eine wichtige Sache, aus welcher er möglichst viel für ihn Gutes, u. A. besonders Stoff zur Anfettung des ihm unentbehrlichen Ziegelthees, zu gewinnen sucht. Und doch was giebt es Widrigeres, als diese knollige Fettanhäufung in der Gegend am

Schwanzansatze des Tartarenschafes? Die ganze Gestalt eines für den wirthschaftlichen Betrieb äußerst passenden Hausthieres kann an Anmuth gänzlich verlieren. Da macht z. B. das für den Wüstenverkehr unentbehrliche Reitkameel Nordafrikas mit seinem eckigen, stockigen Bau einen völlig karrikaturenhaften Eindruck.

Genaue Kenntniß der einzelnen Körpertheile der verschiedenen Hausthierzuchten ist Grundbedingung für eine gedeihliche Thätigkeit des Züchters. Natürlich muß damit eine ebenso genaue Kentniß der für einzelne specielle Wirthschaftszweige vorzüglich geeigneten Zuchten und der gerade für diese Zweige passend ausgebildeten Körpertheile Hand in Hand gehen. Dasjenige, was z. B. die Milchergiebigkeit einer Kuh, die Güte eines Fleischschafes, einer Speck-Schweinerasse oder eines für den Rindfleischbedarf der Gemeinschaften sich eignenden Hornviehschlages charakterisirt, muß das A B C des Thierproducenten bilden.

Ein wichtiger Gegenstand der Naturbeobachtung nicht nur für den Thierzüchter, sondern selbst für den Zoologen, sollte stets die äußere Kopfgestaltung, die Physiognomie und der physiognomische Ausdruck eines Thieres sein. In dieser Hinsicht hat die frühere Wissenschaft manche Unterlassungssünden auf sich geladen. An Hand veralteter Anschauungen über einen die Thierwelt angeblich beherrschenden blinden Instinkt, hat man sich zu selten die Mühe genommen, das Individuelle bei wilden und Hausthieren in's Auge zu fassen. Dies aber offenbart sich, vor Allem bei den Säugethieren, nicht nur in der Verschiedenheit des Haarwuchses, der Färbung und anderer untergeordneter Aeußerlichkeiten, nicht nur in der verschiedenartigsten Gestaltung des Rumpfes und der Gliedmaßen, sondern auch in der physiognomischen Gestaltung des Kopfes. Es ist natürlich nicht immer leicht, bei solchen Untersuchungen den richtigen Standpunkt der Naturbetrachtung zu gewinnen und den richtigen Ausdruck für die Charakterisirung der dem Einzelwesen angehörenden besonderen Merkmale zu treffen.

Die rationelle Thierproduktion fährt bei Taxirung derartiger Merkmale am Besten, wenn sie der Methode der von unseren älteren Forschern oft mit so großer Meisterschaft ausgeübten treuen und sorgfältigen Naturbeschreibung folgt. Zunächst muß sich an jedem Zuchtthier von Belang der männliche und weibliche Charakter auch des Kopfes wohl ausgeprägt zeigen. In dieser Hinsicht sind nun nicht bei allen unseren Hausthieren die geschlechtlichen Merkmale gleichgut ausgebildet. Während Stier und Kuh, Widder und Mutterschaf dieselben in augenfälliger Weise darbieten, sind dagegen die zwischen Hengst und Stute, Eber und Sau, Ziegenbock und Ziege, Hund und Hündin, Kater und Katze obwaltenden weit schwieriger zu erkennen. Der geübte Blick des Züchters freilich unterscheidet auch hier Dinge, welche für den Uneingeweihten höchst fraglicher Natur bleiben.

Die Thierzucht sondert normale, gut ausgebildete und überbildete Köpfe der Hausthiere. Bei ersteren sind die Organe im besten Gleichgewicht ausgeprägt, bei letzteren nicht. Diese Thiere mit überbildetem Kopf sind Variationen, in denen die gewöhnliche Rasseneigenthümlichkeit sich nicht charakterisirt zeigt. So zeichnen sich z. B. die sogenannten Southdown-Schafe durch starken, breiten und kurzen Hinterkopf, schmalen, gestreckten, aber in der Schnauzenparthie noch eine gewisse Höhe und Dicke darbietenden Vorderkopf und durch geraden Nasenrücken aus. Bei überbildeten Individuen dieser Rasse ist der Hinterkopf dagegen schmaler, gegen den Nasenrücken stärker abgesetzt, an der Schnauzenpartie aber ist der sehr große gestreckte Vorderkopf schmaler, niedriger. An einem solchen Individuum wird man den sonst so sehr in die Augen springenden Rassencharakter der Southdowns großentheils vermissen. Ueberbildete Wollschafe haben nicht den hohen, breiten und kurzen, mit gewölbtem Nasenrücken versehenen Kopf des normalen Rassethieres. Manchmal wiederholen männliche überbildete Thiere den weiblichen Habitus der normalen in auffälliger, aber auch übertriebener, man möchte sagen, karrikaturenhafter Weise.

Auch der Hals, der Rumpf und seine Theile, sowie die Gliedmaßen mancher Hausthiere zeigen in Gestalt und Stellung vielerlei Abweichungen von Dem, was das geübte Auge des Züchters als normal, als zweckentsprechend erkannt und als Solches festgestellt hat. Die Kunst der Züchtung hat für diese Abweichungen eine große Menge von technischen Bezeichnungen erfunden.

Ueberbildete, verbildete Individuen aus einer Herde ꝛc. auszumerzen, ist nun Hauptaufgabe einer vernunftmäßigen Thierproduktion. Dieselbe wird aber beim Araber der Wüste, beim Kameelzüchter der Steppe und beim rinderhütenden Kaffern oft eben so gut zu lösen gesucht wie auf europäischen Gutshöfen (vergl. S. 261 ff.).

Man hat zur größeren Bequemlichkeit bei Abschätzung der Eigenschaften eines normal gebildeten Hausthieres eine allgemeine Grundgestalt zu construiren gesucht. Es hat dies Manche an die stattgehabten Versuche zur Feststellung eines Kanon, einer Grundgestalt des normalen Menschenkörpers, erinnert. Versuche letzterer Art sind freilich bis jetzt sämmtlich ins Wasser gefallen. Geniale Meister malen und meißeln ihre Menschenkörper ohne die mathematisch sein sollenden Spielereien mit jenen künstlich auseinander gerenkten Normalpuppen, den Geisteserzeugnissen meist unbedeutender und schaffensarmer Jünger ihres Faches[1]).

Bei den Hausthieren ist das freilich etwas Anderes und scheint hier doch seine gewisse Berechtigung zu haben.

Settegast, auf H. Stephens und W. Holt Beever sich stützend, hat über die Aufstellung einer solchen Grundfigur in folgender Weise sich geäußert: „Betrachtet man den Rumpf eines symmetrisch gebauten, auf horizontaler Ebene sich im Zustande der Ruhe befindenden Thieres unserer Züchtungsrassen von der Seite, so wird nicht entgehen, daß die Umrisse desselben annähernd ein Parallelogramm darstellen. Zieht man eine wagerechte Linie durch die Mitte des Widerristes nach der Schwanzwurzel und parallel zu ihr eine zweite vom Ellenbogen nach dem Hintertheil, verbindet man diese Parallelen,

[1]) Davon nehme ich natürlich Alb. Dürer und G. Schadow aus.

indem man vorne eine Senkrechte zieht, welche die Bugspitze berührt und ebenso hinten eine zweite, die sich an die Spitze des Sitzbeins anlehnt, dann erhält man in dem so gebildeten Parallelogramm gewissermaßen einen Rahmen, der den Rumpf eines Thieres einschließt. Es ist selbstverständlich, daß die Ausführung dieser Figur durch die Umrisse des Körpers sich innerhalb der Grenzen bewegt, welche durch die Wellenlinien einer jeden thierischen Gestalt gezogen werden. In dieser Beschränkung den Vergleich des Rumpfes mit der Gestalt eines Parallelogrammes auffassend, wird man finden, daß die Aehnlichkeit zwischen beiden unverkennbar ist. Je größer sich die Annäherung herausstellt, je weniger also von dem durch den Rahmen gebildeten Raum unausgefüllt bleibt oder über ihn hinausragt, desto zweckentsprechender gestaltet sich der Rumpf.

Theilt man das Parallelogramm in drei Rechtecke, indem man an der Stelle, wo die Schulter aufhört und von dem Punkte, wo die Hüfte liegt, Senkrechten nach der Grundlinie zieht, so wird die harmonische Gestalt des Thieres sich um so ausgeprägter darstellen, je mehr sich die construirten Rechtecke A B C der Kongruenz nähern.

Zeigt die Seitenansicht des symmetrisch gebaueten Thierkörpers in den Umrissen seines Rumpfes die Figur eines Parallelogrammes, so finden wir bei Untersuchung des ganzen Aeußern von allen Seiten, daß sich der Rumpf der Gestalt eines rechtwinkligen Parallelepipedons nähert. Er stellt daher einen von sechs paarweise einander parallelen Parallelogrammen begrenzten Körper, also ein Prisma dar, dessen beide Endflächen Parallelogramme sind, die Uebereinstimmung mit diesen geometrischen Figuren immer in der vorhin schon geltend gemachten Einschränkung, wie sie die zur Abrundung neigenden Kontouren des Thierkörpers bedingen, aufgefaßt."

Settegast bemerkt dann noch, daß man die oben beschriebene Grundgestalt nur bei allen Züchtungsrassen (S. 236) mehr oder weniger deutlich herausfinde, wenn sie auch in manchen Punkten Modificationen erfahre. Im Allgemeinen gilt ihm und seinen Anhängern die Parallelogrammform des Hausthierrumpfes als die naturgemäße. Derselbe Autor hat seine Auseinandersetzungen durch zahlreiche Holzschnittfiguren zu verdeutlichen gesucht, bei welchen die Körperumrisse innerhalb der Parallelogramme erscheinen.

Settegast bedient sich für seine Vorlesungen über Thierzucht eines hölzernen Prisma, welches ein Modell der beschriebenen Grundgestalt darstellt. In dasselbe werden Hälse mit Köpfen und die entsprechenden Gliedmaßen, alles von Holz, eingefügt. Unser Autor glaubt nun, auf solche Weise den Holzklotz nach Belieben in das Modell eines wohlproportionirten Pferdes, Rindes, Schafes und Schweines umgestalten zu können.

Gegen die Construirung einer (parallelogrammatischen) Grundgestalt der Hausthiere sprach sich Nathusius energisch aus. Derselbe erklärt ein solches Vorhaben für einen „verderblichen Irrthum". Er kann sich allerdings das Parallelogramm um die Hauptumrisse des Rumpfes einer Shorthornkuh gelegt denken, aber nicht um diejenigen einer Milchkuh aus Nordfrankreich, welche er wegen augenfälligen Abweichens der Rücken- und Bauchlinien voneinander — bei starker Entwicklung der Eutergegend, für nicht in die Grundgestalt hineinpassend hält. Nathusius zieht ferner in derselben Rücksicht den Vergleich zwischen orientalischem und englischem Halbblutpferde. Der Rumpf des ersteren, durchaus edler, „idealer", paßt annähernd in ein Parallelogramm hinein, nicht derjenige des letzteren unedleren, vielleicht aber, wenigstens für europäische Verhältnisse, praktischeren Geschöpfes. Vergebens bemüht sich ferner Nathusius, die Körperumrisse eines vorzüglichen, durch Leistung bewährten Windhundes in ein Parallelogramm zu bringen. Letzteres müßte großentheils in der Luft schweben. „Wollte man eine Normalform fingiren, dann würde man besser ein Dreieck dazu wählen; in ein solches hinein würde aber auch die Milchkuh und allenfalls das praktische (d. h. englische Halbblut-)Pferd besser passen, als in ein Parallelogramm. Es ist nach meiner Ueberzeugung ein überflüssiges Unternehmen, aber auch ein folgenschwerer Irrthum, wenn man die Mannigfaltigkeit der Gestalt auf eine Einheit zurückzuführen sucht, um für die verschiedenen Hausthiere eine Grundgestalt zu finden. Gerade im Gegentheil: die nothwendige Verschiedenheit der Gestalt für verschiedene Gebrauchszwecke zu erkennen, das ist die Aufgabe der Lehre."

„Diese verschiedenen Ansichten schließen einen tief greifenden Gegensatz ein. Nach jener Anschauungsweise soll die sogenannte „Harmonie im Bau" das Ideal für den Züchter sein. Unter Harmonie im Bau versteht man das, die Zweckmäßigkeit einschließende, Gleichgewicht; aber die Zweckmäßigkeit schließt das harmonische Gleichgewicht in vielen Fällen ganz entschieden aus. Durch Demonstration (S. die oben erwähnten, durch Zeichnungen erläuterten Beispiele) glaube ich klar gemacht zu haben, daß das, was man in jenem Sinne Harmonie nennt, die Zweckmäßigkeit nicht einschließt. Am frappantesten ist dies wieder am Windhunde zu demonstriren. Nach jener Theorie vom harmonischen Parallelogramm ist der Windhund nicht im Gleichgewicht aller Körpertheile gebaut, dennoch finden wir in ihm die „Verkörperung der Zweckmäßigkeit", diese fällt aber keineswegs mit der sogenannten Harmonie im Bau zusammen und das im Parallelogramm gefundene Vorbild und Muster ist keineswegs durch die Erfahrung bestätigt." — So weit Nathusius.

Settegast vertheidigt sich dagegen. Er macht u. A. darauf aufmerksam, daß die Shorthornkuh ebenso gut in das Parallelogramm hineinpasse, als die niederländische Milchkuh, wenn man bei ihr nur von dem hängenden Bauche und dem stärkeren Euter absehe. Die Abbildung des orientalischen Pferdes wie die des englischen Halbblutpferdes seien ganz dazu gemacht, die Richtigkeit des Satzes zu bestätigen, daß gut gebauete Pferde in den Umrissen ihres Rumpfes annähernd ein Parallelogramm darstellten. Für Hunde, Kameel, Zebu u. s. w. sei das von Nathusius in Betracht genommene Dreieck immerhin zu erwägen.

Ich glaube, daß die Annahme einer ungefähren Grundgestalt für ein Hausthier überall da sich empfiehlt, wo es sich darum handelt, in der gewerblichen Thätigkeit des Züchters schnell ein Mittel zur allgemeinen Charakterisirung des Rumpfbaues zu gewinnen, namentlich bei Abschätzung von Mastthieren. Der Aufgabe des Züchters, über das Zweckmäßige im Bau abzuurtheilen, wird dadurch kein Abbruch gethan. Selbst der wissenschaftliche Zoologe wird nicht anstehen dürfen, den Rumpfbau eines wilden oder domesticirten Thieres mit irgend einer mathematischen Figur zu vergleichen, wenn er sich dadurch eine leichtere Vorstellung von den Körperverhältnissen des Thieres verschaffen, oder sichere Vergleichungspunkte mit anderen Arten, Rassen, Individuen u. dgl. erlangen will. Weiterungen in speculativer Richtung müssen dabei eben so vermieden werden, wie hinsichtlich des so viel gesuchten und umstrittenen Kanons, der Grundregel, für die menschliche Gestaltbildung.

Wir können nur wünschen, daß die Zoologen, wie mit der Hausthierkunde überhaupt, so auch mit der Thierproduktion und ihren Erscheinungen sich mehr und mehr befassen mögen. Wenn es gelingt, die theoretische Behandlung der Thierproduktion den Händen halbgebildeter, vielschreibender Landwirthe zu entreißen und zu einem Zweige wirklich wissenschaftlicher Zoologie zu erheben, dann wird es möglich sein, auch die Gesetze der Vererbung zu ergründen und Regeln für die Nutzanwendung derselben zu gewinnen. Es wird sich dann zeigen, welcher Antheil dem Darwinismus dabei wirklich zufällt, welcher nicht. Auch die gewerbliche Seite der Thierzucht wird bei solchem Vorgehen sicherlich nicht schlecht fahren.

Herrn Hermann Settegast zum Schluß meinen Gruß und den freudigen Wunsch zu einem rüstigen

Vorwärts.

Druckfehler.

S. 24 5. Zeile von unten, hinter Kräfte ein Komma zu setzen.
S. 32 8. Zeile von unten, lies 2) Zellinhalt statt Zelldotter.
S. 50 5. Zeile von unten, lies Philosophie.
S. 201, 6. Z. von oben, lies brachyceros.